U0395275

格致方法·商科研究方法译丛

定量数据分析
ANALYSING QUANTITATIVE DATA

for BUSINESS *and* MANAGEMENT STUDENTS

CHARLES A. SCHERBAUM
& KRISTEN M. SHOCKLEY

[美] 查尔斯·A.谢尔巴姆 克丽丝滕·M.肖克利 著

王筱 华莎 译

格致出版社 上海人民出版社

编辑寄语

欢迎学习商科研究方法。近年来,攻读商科硕士专业学位的学生日益增多。在攻读学位的最后阶段,研究生都要花费3—4个月的时间来撰写论文。对于大多数学生来讲,撰写论文都是在课程结束之后,这与课程是完全不同的。每个研究生都由导师来指导论文撰写或进行课题研究,研究生需要详细了解自己使用的研究方法。开始撰写论文或开始课题研究之前,研究生们通常都会接受一些研究方法的训练以完成论文或课题。如果你就是正在撰写论文的研究生,那么你不会孤军奋战,我们向你提供了一套书来帮助你。这套丛书的每本书都就某一具体的方法提供了详细的信息以帮助你的论文撰写。我们理解什么是硕士学位论文所需要的研究方法,也理解什么研究方法是硕士研究生所需要的,从而帮助你在撰写论文的时候能够出色地完成任务,这正是商科研究方法系列丛书的编写目的。

该丛书中的每一本都旨在对数据收集或数据分析方法提供足够的知识,当你进行到研究过程的每个具体阶段的时候,你都可以找到一本与其相应的方法介绍,如数据收集或数据分析。每一本都邀请了业界权威的学者来编写,他们都在研究方法的教学与写作方面具有丰富的经验,因此他们的作品清晰易读。为了让学生在学习丛书中的每一本的时候都能够迅速找到自己需要的内容,丛书使用了标准的格式,即每本书均由6章构成:

- 第1章:导论,介绍方法的目的和本书纲要;
- 第2章:研究方法的哲学假定;

● 第 3 章:研究方法的组成部分;

● 第 4 章:研究方法不同的组成部分;

● 第 5 章:提供研究中使用该种研究方法的例子;

● 第 6 章:结论,该种研究方法的优点与缺点。

我们希望阅读本书对你撰写论文有所帮助。

比尔·李、马克·N.K.桑德斯和 V.K.纳拉亚南

丛书编辑简介

比尔·李(Bill Lee)博士，会计学教授，英国谢菲尔德大学会计与金融系负责人。他在研究方法和研究实践领域具有多年的经验，另外，他的研究方向也包括会计和会计准则。比尔的研究兴趣广泛，成果多发表在 *Accounting Forum*、*British Accounting Review*、*Critical Perspectives on Accounting*、*Management Accounting Research*、*Omega* 和 *Work，Employment&Society* 等期刊。他的关于研究方法和研究实践的科研成果发表在 *The Real Life Guide to Accounting Research* 及 *Challenges and Controversies in Management Research* 中。

马克·N.K.桑德斯(Mark N.K.Saunders)博士，英国萨里大学商科研究方法教授。他的研究兴趣是研究方法，特别是内部组织关系、人力资源管理方面的变革、组织内和组织间的信任和中小企业的研究。马克在一些学术期刊中有很多发表，如 *Journal of Small Business Management*、*Field Methods*、*Human Relations*、*Management Learning* 和 *Social Science and Medicine*。同时，他也是一些专著的合著者和合作编辑，如 *Research Methods for Business Students*（目前已经是第 6 版）和 *Handbook of Research Methods on Trust*。

V.K.纳拉亚南(V.K.Narayanan)，美国宾夕法尼亚州费城的德雷塞尔大学教授，研究院副院长，战略和创业研究中心主任。他先后在一些顶尖专业期刊发表文章，如 *Academy of Management Journal*、*Academy of Management Review*、*Accounting Organizations and Society*、*Journal of Applied Psychology*、*Journal of Management*、

Journal of Management Studies、*Management Information Systems Quarterly*、*R&D Management* 及 *Strategic Management Journal*。纳拉亚南在印度马德拉斯的印度理工学院获得机械工程学士学位,艾哈迈达巴德印度管理学院获得管理学硕士学位,美国宾夕法尼亚的匹兹堡大学商学院获得博士学位。

目　录

1 导 论

定量数据与分析已成为研究与商业领域不可或缺的一部分(Economist，2010；Salsburg，2002；Siegel，2013)。许多学者和观察家都认为我们现在生活在"大数据"和定量分析的时代(McAfee and Brynjolfsson，2012)，研究和商业的本质正在转化为一种结果(Ayers，2008；Davenport and Harris，2007；Siegel，2013)。事实上，纵观当今的学术文献或商业媒体，不提到"大数据"和定量分析是不可能的事情。有关定量数据分析如何从根本上改变某些方面的研究、商业活动或日常生活的新闻故事似乎每天都在上演。有关成功运用定量分析的书籍，如 Michael Lewis(2004)的《点球成金》(*Moreyball*)，已经成为许多商业领域的"必读"书目。

考虑到量化数据和分析对各行各业的影响，从职业运动到医学，到互联网搜索，再到管理、运营和市场营销，就不难理解定量数据分析给我们带来的兴奋感。这种重新燃起的兴趣的好处在于新的方法、软件、书籍、网站、会议和信息都在以惊人的速度增长。对于那些对定量数据和分析感兴趣的人来说，这些都是激动人心的时刻。

在激动的同时，对于所有研究者和实践者来说，时代正在改变。我们似乎已经到达了一个临界点，即对于大多数研究领域和商业领域来说，定量数据分析的相关知识不再是可有可无的了。我们不禁要问，一个无法理解和使用定量数据分析的人能否在研究或工业领域取得成功？无数的报告和调研得出这样一个结论，我们对拥有定量数据分析知识和技能的人有巨大的需求，然而这些人才却是短缺的。有些人甚至宣称，定量分析工作将成为 21 世纪最受欢迎和最有声望的职业之一。

即使对那些熟知且能熟练运用定量数据分析的人来说,工具和方法的不断发展和扩散也决定了我们应该做这件极具挑战性的事情。我们发现,有经验的研究人员和从业人员问的最多的问题是,"如何确定哪些分析是最适合于数据和研究方法的?"从本质上来说,适当的定量分析的选择是基于研究目的(如探索性分析和验证性分析)、研究问题(以及有待验证的相关假设)、研究设计(如实验或非实验性研究)和数据的属性(如数值测量尺度、分布的形状;Scherbaum,2005)。然而,做出这些决定仍然是非常困难的,因为在选择定量分析时必须考虑大量的信息和选项。

这些挑战,尤其是对于学生而言,还来源于为了理解定量分析而构建框架或心智模型所带来的困难。定量分析不仅仅是一套应用于数据的技术。更准确地说,它是一种系统地思考研究问题、研究方法论和观察到的数据模式的方法。人们甚至可以把定量分析看作一种语言,这种语言使研究人员能够使用商定的词汇进行交流。正是这种定量分析的心智模型,为选择适当的分析、研究方法和研究问题,提供了宝贵的帮助。

本书旨在为学生、研究者和从业者在应对复杂的定量数据分析问题时提供辅助。我们的目标是不仅能为读者提供发展定量分析心智模型所必须的基础,也可以使读者大致了解目前所有可用的定量分析方法。为此,我们涵盖了定量分析的哲学和理论基础、数据收集方法与定量分析之间的相互影响、收集到的数据的属性如何影响定量分析,以及为准备定量分析所需数据所包括的步骤等等。无论是在学术上还是商业中,本书所包含的定量分析案例已经足以解答大部分困扰学者和从业者的常见问题。至于更特殊和更先进的定量分析方法(例如因素分析、联合分析),读者将能够在本系列的其他丛书中找到相关的信息。

我们发现,现有的有关于定量分析的书籍很少集中在思考和设计定量分析的更概念化的方面。它们也没有关注定量分析和研究设计与研究方法之间的关系。在起草这本书时,我们尝试解决这个问题。我们努力为人们需要考虑的因素、应该进行的步骤,以及在进行定量分析时必须做出的决策提供指导。我们有意避免提供一种刚性规则约束系统,不让一种方法成为针对某种特定情形的"唯一"适用的定量分析。正如 Abelson(1995)所说,很少有一个唯一正确的选择或规则。然而,采用这种方法确实需要权衡。这种权衡是,我们更少地关注每一个定量分析和过程的各个方面的详细描述,以及在统计软件程序中运行它们的程序。考虑到定量分析得天独厚的资源具有广泛的可用性,它涵盖了研究的每个细节,以及对统计软件的使用(Cohen et al.,2003;Field,2013;Pedhazur and PedhazurSchmelkin,1991),我们认为这种权衡对那些刚刚开始使用定量分析的人来说是非常有益的。

1.1 什么是定量分析

定量分析是统计学,它将大量的数据简化到更易于管理的形式,以便得出关于数据模式的结论和观点。虽然定量分析有许多类型,但本书主要介绍用于描述定量数据、识别组间差异、检查变量之间的关联或关系,或进行预测的常用方法。定量分析最基本的形式是描述性定量分析。描述性定量分析可以用来将大量的数据压缩成一个较小的数字集合,用来表示数据中典型的数据和数据中的变量数量。如第 4.1 节所述,描述性定量分析包括频数、众数、中位数和平均数(平均类型)以及全距、方差和标准差。描述性定量分析可以用数字和图形两种形式表示(例如条形图和直方图)。无论是研究问题还是研究方法,描述性定量分析都应该始终是数据分析过程中的第一步。

与描述性分析相关的是定量分析,它被用于检查各组结果之间或结果集合之间的差异。例如,这些分析可能被用来研究那些接受个性化促销的人与那些接受一般性促销的人之间的客户参与度的差异。如第 4.2 节所述,这些分析通常检查组间平均值的差异,包括 t 检验和方差分析。

其他的定量分析着重于变量之间关系的方向和强度,作为这方面的延伸,其目标是基于一个变量对另一个变量进行预测。这些分析是相关性和回归方法(见第 4.3 节)分析。相关性往往是理解变量是否相关的第一步。回归分析通过允许人们创建一个方程式来扩展相关性，该方程式可以基于一组输入来预测或预示一种结果。例如，可以开发方程式，以便从当前的销售培训投资中预测未来员工的销售业绩。

1.2 定量分析的历史基础与当前趋势

虽然目前对定量数据分析的很多报道和讨论都把它看作是刚刚出现的革命性突破，但大多数常用的定量分析在 100 多年前就已经开发出来。尽管对定量分析发展历史的详细回顾超出了本书的范畴（Lehman，2011；Salsburg，2002），但重要的是要考虑一些为本书中所讨论的许多分析带来最初发展，并对当今的定量分析仍然产生影响的研究挑战。

大部分商业和管理科学的研究集中在与大群体有关的问题上。例如，研究者可能会对培训销售人员的说服技巧对销售效率提高的效果感兴趣。研究者在一家公司对一小组销售专业人员进行培训，收集培训完成情况和销售业绩的数据，并分析数据。最终，研究人员对他们研究中的具体销售人员不感兴趣，他们感兴趣的是所有销售专业人员。那么问题来了，如何将他们的研究结果从（作为他们研究的一部分的）特定一组销售专业人员发展到代表所有销售专业人员的更大群体。更具体地说，问题是如何从样本（例如样本中的平均值）的统计计算得到总体中相同统计量（即总体参数）的充分估计。这个问题是早期统计学家为解决问题而开发的方法。也就是说，如果分析只是基于这个总体的样本，那么对总体的归纳就是合理的吗？总体代表了一个特定研究问题（如英国的人口）的整个群组。样本代表总体的一个子集（例如那些在某天经过特拉法加广场的时候愿意完成调查的人）。

从总体中收集样本的过程包含一定程度的不确定性。不确定性是指研究人员不确定他们的样本是否足够代表总体。任何给定的样本都不是总体的完美反映，这并不奇怪。使用样本统计量作为总体参数的估计值时，总是存在一定程度的误差，确切来说是抽样误差。这种抽样误差会导致同一主题的研究结果之间出现波动。研究人员对这些波动最主要的担心是,从一个不能真正反映大范围总体的样本中收集数据,然后从这个样本中得出的关于总体的推论可能是错误的。抽样误差最被人熟知的例子之一就是 1948 年的美国总统选举。在对一组无法代表整体选民的投票人进行调查后,《芝加哥论坛报》(*Chicago Tribune*)预测,Thomas Dewey 已经击败了 Harry Truman,并为此发表了一个标题。然而,Harry Truman 取得了决定性的胜利,给该报纸造成了相当程度的尴尬。定量分析是为了帮助确定从样本到总体的推论是否确实值得,尤其是当样本只占总体的很小比例时。

从样本数据中得出推论的实际问题引发了定量分析的许多发展。然而,目前定量分析使用增多的原因是不同来源的可被整合的大量数据(如"大数据")的可用性,以及定量分析软件的发展(McAfee and Brynjolfsson, 2012; Mayer-Schönberger and Cukier, 2013)。曾经,数据一度难以获得,数量少,并且需要单独进行审查。随着技术的进步,大量的数据现在可以从多个来源获得,并且可以被整合。例如,现在可以整合来自销售点交易的数据、客户满意度调查数据、网络流量数据、完成的客户服务培训数据、员工敬业度数据,以及每笔销售交易和组织中每个员工的薪酬数据等。

例 1.1　大数据的运用

大多数大型零售商目前正在使用来自销售点、网络流量、客户调查和对营销活动响应的"大数据",据此为客户定制优惠券和广告,从而有助于增加购买行为。一家北美零售商使用其关于所有客户购买历史的大型数据库,以及注册婴儿登记的客户数据库,以预测哪些女性顾客可能正处在怀孕的第二个妊娠期。我们可以想象,在他们向朋友和家人宣布怀孕之前,关于新生儿产品的介绍手册就已经发送至他们邮箱时,顾客会多么惊讶!尽管以这种使用数据的方式可能会引发道德问题,但正是这种整合和利用正常业务运营所创造的大量数据的能力,使定量分析的广泛运用呈指数增长。

统计软件的有效性很大程度上影响着定量分析的快速普及，特别是在商业领域。开展定量分析曾经是高技能专家的专属领域。这些软件需要专业知识才能在所有可用的分析和每个分析中存在的众多选项之间进行选择。现如今，被开发的大量新软件已经供非专业人士使用。例如，IBM 的 SPSS 建模提供了用于特定分析的选项之间的自动选择，并且使用视觉示意图进行分析，用户拖拽一个节点，表示一个特定的分析类别（例如回归），并将其与表示数据的节点进行连接。软件会完成剩下的步骤，用户不需要做任何其他的决定，所需要的仅有软件、数据和一般分析类型的想法。正如本书将要讨论的那样，不建议盲目地和不加批判地使用定量分析，这可能会导致误用定量分析，并且会对某一领域的理论进步产生负面影响。

1.3　数量分析中的关键概念

无论选择何种具体的定量分析，定量分析的使用者都需要熟悉一些关键概念。定量研究和分析中最基本的概念之一就是测量（Scherbaum and Meade，2009）。测量可以被概念化为按照一组规则将对象、事件或人的特性或属性赋予数字（Stevens，1968）。对象、事件或人物的这些属性是定量分析中的变量。在很多管理研究中，这些变量被用作不可观测的构念的间接指标。构念是为解释对象、事件或人物的属性的差异、共同点或模式而提取出的抽象概念。例如，人格是管理和组织科学中使用的一个众所周知的构念。人格是心理学家为了研究人们行为倾向和人与环境的交互效应之间的差异而提出的抽象概念。

构念构成了商业和管理科学许多理论的基础。这些理论反过来又是所设计的定量分析假设的来源。假设是关于总体中变量之间的预期关系或差异的可验证的陈述。这些假设将使用从相关总体中抽取的样本数据来检验。定量分析的结果被用来确定从样本中收集的数据是否支持关于总体的推论。贯穿本书的重点是理论和假设作为定量分析的一部分的重要性。虽然定量分析可以，而且经常在没有理论或假设的前提下使用，但我们强烈不赞同这种做法。在一些领域中，如互联网搜索分析、市场调查或犯罪预防，唯一感兴趣的研究问题是"会发生什么事情"，或者"购买某一特定产品的顾客是否也购买了另一种特定产品？"对于这些描述性定量分析，理论可能没有必要。然而，在很多商业和管理研究中，研究问题或假设的兴趣都集中在为什么会出现某种效应或现象。没有理论指导下的分析，这些问题就不能得到充分的解答。

正如第 2 章将要详细阐述的那样，定量分析的基本概念是概率。概率可以被描述为一个特定结果的可能性。概率的范围从 0.00（没有发生结果的机会）到 1.00（结果肯定会发生）。概率作为所有定量分析的基础，试图从样本扩展到总体。一个假设是否是被支持的，取决于与定量分析中观察到的结果相关的概率。换句话说，概率是决定样本收集数据是否支持总体推断的主要标准之一。

1.4 理解定量分析与研究方法之间的对应关系

正如第 3 章所述，研究方法、研究设计和定量分析之间有着本质的联系。研究中使用的方法和设计会影响定量分析结论的属性、可能适合的分析类型、所需的数据量，以及特定定量分析假设被满足的可能性。例如，无论使用何种定量分析，非实验研究设计都不会支持关于因果关系的强有力的结论。同样，如果所收集的数据代表类别（例如，男性/女性；是/否），则只有有限的定量分析是适合的。定量分析的使用者需要了解研究方法、研究设计和定量分析之间的密切关系。也就是说，我们不主张设计研究来支持特定的定量分析的使用。理论和研究问题决定了所使用的研究设计和方法，从而决定最佳的定量分析。

研究方法和研究设计也与定量分析有着不太明显的关系。在许多科学领域中，对某些类型的研究设计已有了传统意义上的"正确的"定量分析。例如,方差分析和 t 检验(参见第 4.2 节)更多地用于分析实验数据,而关联分析和回归分析更多地用于分析非实验数据(参见第 4.3 节)。虽然某些分析可能对通常用某种特定研究设计进行研究的问题类型更具洞察力,但没有明确的规则说明特定的分析对于特定的研究设计是最适合的。我们十分鼓励定量分析的使用者们在指定的背景下考虑所有可能的分析,而不管分析是否是所选研究设计的特定分析。

1.5 小结

近年来人们对于定量分析的兴趣急剧增长。理解、使用和解读定量数据分析在有意无意中成为大多数研究和实践领域的核心竞争力。尽管最近兴趣激增,但定量分析绝不是新兴事物。许多常见的定量分析很早以前就被开发出来,以解决如从样本到总体的推断所固有的不确定性等问题。在本书中,我们描述了定量分析的基础、许多可用的基本定量分析、如何选择定量分析,以及使用定量分析的主要考虑因素。更具体地说,本书将帮助那些使用定量分析的人去理解其哲学基础、研究设计和方法的联系、数据属性的联系,以及定量分析的主要优点和局限性。它还将提供一步一步的指导,说明如何执行用于实验和非实验研究的主要定量分析,以及不能满足最常见分析的假设时可以使用的替代分析。本书提供的每个分析都将包含一个示例,读者可以使用该示例,即通过使用文本中的公式手动计算分析结果,也可以在 Excel 中计算它们。Excel 中分析的所有公式将在示例的结果旁边和附录中展示。正如我们在本书中将要强调的那样,定量分析对于那些进行研究的人来说可能是一个强大且非常有用的工具。然而,它的使用需要谨慎的思考和理论或我们研究的问题的概念框架。盲目使用定量分析永远无法真正洞察我们所要求的研究问题。

2 理解定量数据分析

关于现实的本质和知识的创造问题曾经是哲学的唯一领域,也曾经是研究人员很少考虑的,因为它是概念化科学研究的主流和广泛共享的范式。因此,企业、组织或管理研究人员很少需要阐明他们对现实本质(如客观、主观)的基本假设,以及知识是如何被创造的。但是时代已经变了。现在商业、组织和管理科学的研究使用了各种各样的不同范式,它们对现实的本质和知识应该如何创造有着截然不同的假设(Buchanan and Bryman,2009;Deetz,1996)。例如从积极主义到诠释学、现实主义、后现代主义和现象学等认知论相关的文章在组织和管理科学期刊中很常见。

尽管这些观点的多样性有利于建立更好的理论,也有利于我们更好地理解所研究的现象,但同时它也带来了一些挑战。目前主要挑战在于理解、设计、执行和评价当今的商业、组织和管理研究,有一点需要阐明的是本体论(比如是什么构成了现实?)和认识论(比如什么是知识创造的适当方法?)都对潜在的研究问题、研究设计和定量分析进行假设。不同的认识论假设对最合适的研究设计类型和收集到的研究数据的类型有不同的影响。数据的性质能够决定定量分析是否恰当,如果恰当,那么哪些具体的分析是恰当的。因此,研究人员需要考虑在研究中采用的定量分析方法和计划采用的认识论观点的一致程度。

2.1　本体论和认识论在定量分析中的作用

在定量分析的背景下，本体论和认识论最直接的作用在于定义哪些是需要考虑的数据、数据的形式，以及从数据中得出结论的性质。考虑到本体论与认识论观点对定量分析的适当影响，我们必须区分描述性分析和推理定量分析。描述性定量分析的目标，顾名思义，就是定量描述或总结数据。这些定量分析只试图描述一组数据的某一方面（例如数据集的平均值、数据的变量）。第 4.1 节会对这些分析进行详细描述。推理定量分析的目标是评估观察到的样本相对于总体的关系的概化、相关性或差异的推论能力。推理定量分析是用来评估研究问题和假设的主要分析工具。这些分析详见第 4.2 节、第 4.3 节和第 4.4 节。从认识论的角度来看，描述性或推理性定量分析的适用性可以根据若干标准进行评估，包括期望的量化程度和概化程度。

任何定量分析的使用都需要对观察资料和信息进行测量和量化。换句话说，定量分析需要的是数字。尽管所有认识论的观点都允许使用一些测量形式来测量所关心的现象，但是只有一些观点允许进行量化的度量。然而一些认识论观点认为我们所研究的现象过于复杂，不能简化为数字数据，需要一定的语境说明，单纯使用去语境化的数字是不可能的。比如诠释学的每一个焦点都集中在对解释和描述现象的解释性理解上，因为人们相信现象对于形式主义和语境的观察和测量来说太过复杂。例如按照这个研究惯例，研究人员作为参与者和观察者，他们是身处整个环境的一员。这与远程发送调查或从远处观察（如观看视频）完全不同。而定量分析需要对数据进行量化，所以不符合这种认识论的观点。从另一方面看，现象学的观点允许对测量和观察的量化的可能性，并敦促用多种方法收集这些测量和观察，所以定量分析更符合这一观点。一般来说，支持对信息、测量和观察进行量化的认识论的观点与描述性定量分析是一致的，并依赖于其他标准，可能与推理定量分析相一致。对于不支持量化的认识论观点，定量分析是不恰当的。

正如第 1 章所述,定量分析部分是为了解决如何从样本中提取总体的问题而设计的。换句话说,定量分析支持从给定的研究背景到其他背景的泛化。并不是所有的认识论观点都支持这种观点,即认为这种类型的概化是可能的或者应该被追求的。例如,自然主义探究的基础是假定没有孤立的客观现实,只有多元建构的现实。所以需要对现象进行全面的研究,且现象只有在特定的背景下才能被理解。在大多数情况下,这种观点不太可能与推理定量分析的一般目标相一致。或者,实证主义和现实主义的认识论认为存在一个客观现实,这些观点认为,科学的目的是发展客观存在的和概化的事实和原理。这些观点与推理定量分析的一般目标一致。对于其他观点,如批判现实主义,概化的可能性取决于数据的性质。举例来说,当测量客观属性时,如物理测量、销售额或其他不需要主观判断的属性,批判现实主义与推理定量分析是一致的。当数据是一种需要主观判断的属性的测量(如态度、感知、信念)时,它们是不一致的。如果认识论的观点支持从样本到更大的总体(即使总体是有限的)的有限概化,那么推理定量分析可能与该观点是一致的。然而,如果这个观点不支持从样本到总体的概化,那么推理定量分析是不适合的,但描述性定量分析仍可能是适合的。

基于所期望的量化程度和所期望的概化程度的标准,表 2.1 描述了具有描述性和推理性定量分析的几种认识论观点的一致性。该表并不是列出详尽的可能观点,而是提供了目前正在使用的观点类型的示例,以及使用这些观点进行定量分析的适用性。从这个表中可以看出,实证主义观点倾向于统一兼容所有形式的定量分析,解释主义观点可以与一个或两个形式的定量分析兼容,批判性研究观点与定量分析则往往是不兼容的。

表 2.1 常用的认识论观点与定量分析的相容性

观　点	描述性定量分析	推论性定量分析
批判理论	不兼容	不兼容
后现代主义	不兼容	不兼容
现象学	兼容	不兼容

观　点	描述性定量分析	推论性定量分析
自然调查	不兼容	不兼容
符号互动论	兼容	兼容
解释学	不兼容	不兼容
现实主义	兼容	兼容
批判现实主义	可能兼容*	可能兼容*
解释主义	兼容	不兼容
实证主义	兼容	兼容
后实证主义	兼容	兼容

注：* 指在测量目标属性时是兼容的。

2.2　推论性定量分析的后实证主义基础

虽然定量分析几乎一直被认为是实证主义观点的范畴，但一些认识论观点与描述性定量分析是相兼容的（参见表 2.1）。然而，推论性定量分析的过程可以说仅与后实证主义观点是一致的。因此使用推论统计学需要我们采用这个观点的一些原则。就像实证主义的观点一样，后实证主义的观点是植根于客观现实的概念之中的。所以对这一客观现实的研究应该是公正的和价值中立的。科学需要可验证的测量和观察资料（即数据）。虽然在后实证主义和实证主义的观点之间存在着许多不同（Popper，1959），但对于定量分析来说，最重要的是在如何获得真理本质上的差异。

后实证主义的观点基于证伪原则（Popper，1959）。这一原则规定，理论和假设永远不能被证明是正确的，他们只能被证明是假的。这个观点的优雅之处在于，它只需要一个相反的实例来证明一个理论或假设是错误的，或者它至少不是无条件正确的。例如，人们一度相信所有的天鹅都是白色的，但对一只黑天鹅的观察就证明了这一科学信念是错误的（Taleb，2007）。这需要永无止境的一系列支持实例来证明一个规则、理论或假设是正确的,每一个新的实例都检验了一个新的不确定性,即结论是支持的或者是反对的。消除这种不确定性的一种方法是专注于证伪(即寻找黑天鹅,而不是白色的天鹅)。因此在许多概念上或精确的复制上,拒绝一个理论或假设的失败是对一个理论或假设的初步接受的唯一途径。但是,接下来的一个实例可能会改变这种实验性的接受。正是这种后实证主义的证伪逻辑,形成了以推理性定量分析为基础的零假设显著性检验作为检验惯例的核心。

2.3 零假设显著性检验

推理性定量分析的目的是检验关于总体的假设。定量分析的第一步是形成关于总体的假设。比如一个假设可以说明"组织规模与组织变革努力的成功程度是负相关的,这样随着组织规模的增加,成功的程度就会降低"。假设通常是关于关系的存在、相关性或总体差异的陈述,这些假设通常是研究人员希望发现的。由于这些假设不能被证明是真实的,而只能被证明是错误的,定量分析过程从形成研究假设(即定量分析术语用 H_1 表示)和它的对立面零假设(在定量分析术语中用 H_0 表示)开始。值得注意的是,在大多数研究出版物中,零假设只是隐含的。很少有人会在发表的期刊文章中看到它。

零假设是一种陈述,即没有关系,没有关联,也没有差异。从数量上看,许多零假设都是关于一种关系的量化指标值,相关性或差值为零。那么研究的假设就是指数值不为 0。研究假设可以是定向的(例如,第一组的平均分数大于第二组的平均分数)或非定向的(例如,第一组的平均分数不等于第二组的平均分数)。零假设和研究假设是互相排斥的,所以它们总是假定相反的关系(如前面的零假设例子,第一组的平均得分小于或等于第二组的平均分数,或者第一组的平均得分等于第二组的平均得分)。

我们使用定量分析来伪造零假设而不是伪造研究假设。因为零假设和研究假设是相互排斥的,因此,如果没有关系、关联或没有差异(零假设)的假设是伪造的,那么关系、关联或差异就会存在,就像研究假设所假定的那样。换句话说,对研究假设的关系、关联或总体差异的支持是间接通过伪造它们不存在的观点来实现的。从数量上来说,伪造一个零假设是使它们的关系、关联或差异的指标值为零。如果指标值为零的假设是伪造的,那么它必须显著大于或小于零,这表明关系、关联或差异是存在的。这种建立和检验零假设和研究假设的过程是进行所有推理定量分析的过程,尽管假设的形式会随着定量分析的类型而变化。

确定零假设是否为假,是否应该被拒绝,主要是利用概率。如果零假设成立,那么每一个推理性定量分析都涉及了计算得到观察结果的概率。如果零假设为真(称为抽样分布),则使用给定定量分析的可能值的分布来计算概率。抽样分布中的每个可能值都可以用来确定抽样分布的该值(或更大值)的概率。大概率值(如 0.78)表示如果零假设成立,观察结果是可信的。小概率值(例如 0.05)表明,如果零假设成立,观察结果不可信。如果概率足够小,那么我们可以得出结论,观察结果的零假设是不成立的。如果零假设被拒绝,则研究假设得到了间接的支持。

问题是需要多小的概率才能够拒绝零假设。目前约定的设置拒绝零假设的阈值是 0.05 或以下(即 $p < 0.05$;Cohen,1994)。这个阈值通常被称为统计意义上的显著性水平,用符号 α 表示。例如,如果从定量分析中得到给定结果的概率是 $p = 0.04$,则零假设将被拒绝。零假设被拒绝的另一种说法是,结果具有统计学意义。然而,如果概率是 $p = 0.06$,则不能拒绝零假设,因为零假设成立的可能性太高(即超过预定的阈值)。需要注意的是,人们从不接受零假设。接受零假设相当于这是真的,所以只能是拒绝零假设或不能拒绝。在广泛使用统计软件计算出检验结果的准确概率之前,概率为 0.05 的抽样分布的值被用来确定所观察的结果是否足够用于拒绝零假设,抽样分布的值作为拒绝零假设的阈值,被称为临界值。

假设是通过使用样本数据对总体进行检验的陈述。但是总体中的零假设究竟是对还是错是不可能知道的。因此,我们对零假设的推论的准确性存在一定程度的不确定性。如果基于样本的总体是真实的，那么就会犯拒绝零假设的错误。例如，我们可以得出结论，年龄和购买行为是相关的，但实际上不是。这种关于零假设的错误决定被称为 I 类错误。I 类错误可能出现的原因有很多，包括小样本或反映了一个真正零假设的极端样本。作为零假设显著性检验的一部分，概率的使用是试图将错误地拒绝零假设的可能性进行量化和最小化。使用 $p < 0.05$ 作为拒绝零假设的阈值，I 类错误的概率设定为 5% 或以下。即使在这种概率下，I 类错误也是可能发生的，但由于过程是结构化的，所以发生机会很小。如果犯 I 类错误的后果相当严重，研究者应该考虑降低拒绝零假设的门槛（例如 $p < 0.01$）。

若零假设在总体中是不成立的，我们也可能在不能拒绝零假设时犯错误。比如，我们可以得出结论年龄和购买行为在现实中并不相关，但事实上他们是相关的。这类零假设的错误决定被称为 II 类错误，用符号 β 表示。II 类错误可能出现的原因有很多，包括小样本和关系、关联或差异较小等。这种类型的错误较少受到研究者的关注（Cohen，1988）。它可以被认为是一个错失的机会。这类错误的概率和 I 类错误一样不会被设定为固定值。我们希望 II 类错误的概率为 0.20 或更小。但是，在商业、组织和管理方面的研究，II 类错误的概率往往会高的多（Cashen and Geiger，2004；Combs，2010）。在第 3 章更详细的说明中，1−β 被称为统计功效。它是正确拒绝一个错误的零假设的概率（比如发现一种确定存在的关系、关联或差异）。为了达到这个程度，研究人员想要达到更高水平的统计功效。在表 2.2 中给出了关于零假设的 I 类错误、II 类错误和正确决策之间的关系。

表 2.2 关于零假设的 I 类错误、II 类错误和正确决策之间的关系

	零假设为真	零假设为假
拒绝零假设	I 类错误 α	正确决策（统计功效） 1−β
不能拒绝零假设	正确决策 1−α	II 类错误 β

例 2.1　制造 I 类错误和 II 类错误

Felicity 是一名行为经济学的研究人员,她对如何减少金钱以降低个人风险感兴趣。根据经济学和心理学的理论,Felicity 假设,那些亏损的人比那些不亏损的人风险寻求倾向更高。她用一项赌博任务进行研究,其中一半的参与者是亏损的,另一半则是不亏损的。在这项研究中,Felicity 研究了赌博过程中冒险输钱的后果。在收集和分析这些数据后,她需要得出一个关于支持她的假设的结论。在她做出决定时,她考虑了四种可能的结果:

1. 亏损不影响冒险行为的零假设是正确的。如果她在这种情况下拒绝零假设,那么这是一个错误的决定(α),并且是一个 I 类错误。

2. 亏损不影响冒险行为的零假设是正确的。如果她在这种情况下不能拒绝零假设,那么这是一个正确的决定($1-\alpha$)。

3. 亏损不影响冒险行为的零假设是错误的。如果她在这种情况下拒绝零假设,那么这是一个正确的决定($1-\beta$)。

4. 亏损不影响冒险行为的零假设是错误的。如果她在这种情况下不能拒绝零假设,那么这是一个错误的决定(β),并且是一个 II 类错误。

假定零假设的真相是未知的,Felicity 将永远无法确定她的决定是否正确。她只能通过尝试对 I 类错误率和 II 类错误率最小化,从而将错误的可能性降到最低。

假设的指向性会对定量分析的值产生影响,该定量分析的概率需要达到 0.05 以内。当假设为定向的,应该使用单尾检验。当假设为非定向的,应该使用双尾检验。一般来说,使用定向检验比非定向性检验更有可能够获得 0.05 或更小的概率。也就是说,双尾检验比单尾检验更为保守,因此我们在实践中通常使用双尾检验。

所以很重要的一点是需要批判性地使用零假设的显著性检验(Kline, 2004; Schmidt and Hunter, 1997),不过零假设的显著性检验已经很明显被滥用了（Frick，1996）。一些批评者呼吁彻底放弃（Carver，1993；Ziliak and McCloskey，2008），而其他人的批评集中在某些特定的实践过程中，比如对 I 类错误不加批判地使用和理解（Abelson，1995，1997；Cohen，1994），或用"0"作为零假设下的期望值（Meehl，1978，1990）。这些批评大多数反映了现代统计学的创始人之间悬而未决的争论（如 Ronald Fisher 与 Jerzy Neyman 和 Egon Pearson 所描述的方法比较；Salsburg，2002）。

这些批评应纳入到使用定量分析的研究人员的心智模型中（Edwards，2008）。尤其是研究人员需要敏锐地意识到拒绝或不拒绝零假设的决定会受到许多因素的影响，而这些因素与理论或假设的准确性没有联系。例如，随着样本容量的增加，需要达到 $p < 0.05$ 的概率的效应会降低。换句话说，用大样本来拒绝零假设更容易，零假设的效应为零值时比在非零值更容易被拒绝。然而设定非零值需要比目前商业、组织和管理研究（Edwards and Berry，2010）中的规范更有力的理论。使用定量分析的研究人员充分考虑了零假设显著性检验的使用和限制［参见 Harlow 等人（1997）或 Shrout（1997）年对其使用和批判的详细讨论］。

不管我们在这些争论中站在哪一方，很明显，如果使用得当，零假设的显著性检验可以提供一些见解（Abelson，1995；Cortina and Landis，2011；Frick，1996）。然而，它应该只是评估研究假设信息的一部分。正如在本书中强调的那样，当评估理论和假设的充分性时，研究者应该使用多种信息来源（例如重复次数、效应大小、估计、置信区间）。如今，科学界越来越多地依赖于将复制研究发现和效应量使用的多项研究（参见第 3 章）作为学术期刊发表的先决条件。

2.4 小结

综上所述，定量分析首先是由研究人员决定是否符合他们的本体论和认识论的立场,若是如此,那么哪些形式的定量分析是相容的(参见表2.1)。如果推理定量分析是适合的,那么研究者就开始了零假设的显著性检验过程。这个过程是基于证伪原则,假设只能被证明是错误的,而从来不能被证明是正确的,从阐明研究、零假设,以及设定 I 类错误率(包括检验的尾数)开始入手。然后对零假设进行推理定量分析。如果零假设是正确的,研究人员就要根据与所得结果相关的概率,考虑做出决定是否拒绝或不能拒绝零假设。如果概率足够小(例如 $p < 0.05$),研究人员就会拒绝零假设。否则,研究者不能拒绝零假设。

　　尽管零假设的显著性检验过程是非常有用的,但它也可能被不恰当地使用(正如许多批评人士指出的那样),它可以作为用来支持或不支持研究问题的其中一部分信息。关于零假设的决定可能受到许多因素的影响,而这些因素与理论或假设的真实性没有联系。正如下一章所讨论的,当研究人员对零假设的定量分析得出结论时,应该仔细考虑他们的 I 类错误率、统计功效、效应量和研究设计。

3

定量数据分析的基本组成

所有定量分析的基本组成部分都是研究问题、假设和数据。在本章中,我们主要描述数据收集的基本组成部分和它对定量分析的影响。我们可以使用很多不同的策略来收集分析所需的数据。其中每种策略都有许多需要考虑的因素,来确定它获取数据最适合的方式。这些因素及其选择需要考虑到它们对定量分析和从中得出结论的影响(Aguinis and Vandenberg, 2014)。在考虑方法与分析之间的相互作用时,罗纳德·费希尔(Ronald Fisher)先生通常被告知在实验结束后只要完成事后检验即可,但他却以对实验后的统计结果进行总结归纳而著名。他可能会解释实验是如何消亡的(Fisher, 1938:17)。方法的选择和分析是不可分割的,应该一起考虑。

除了研究设计的选择之外,还有两个重要的额外的基本组成部分,即确定满足适当的研究假设所需的样本大小,以及鉴定和选择样本的方法。这些基本组成与研究设计和定量分析密切相关(Austin et al., 1998;Kalton, 1983)。它们是关于定量分析的统计功效、预期的总体结果的代表性和结果的概化的根本问题。定量分析的成功和对定量分析结果的解释通常取决于研究人员对这些基本组成部分的选择。所有的定量分析的使用者都被建议将研究设计、测量、统计功效和抽样纳入他们定量分析过程的心智模型之中。

为了提供如何选择这些基本组成部分的指导,本章涵盖了研究设计和测量的一些基本术语和方法,确定了所需的样本容量、抽样方法,以及这些选择对数据定量分析的影响。本章由两部分组成:第 3.1 节研究了测量、研究设计和定量分析之间的关系;第 3.2 节研究了样本容量、抽样方法和定量分析之间的关系。

3.1 测量、研究设计和定量分析

3.1.1 变量的定义和操作化

定量数据分析要求研究人员至少调查一个变量,但通常情况下要调查两个或更多的变量。正如第 1 章所述,变量是可采用不同值的对象、事件或人员的特征或属性。通常研究的商业变量包括销售单位的数量、生产方法、工作满意度、雇佣策略、客户参与度、投资回报和性别。如果某一变量在一组数据内的所有实例中都显示相同的值,那么它就不是一个变量(它没有变化),它的值只能被简要陈述,而不能进行分析。例如,如果我们有兴趣研究产业和劳动力策略之间的关系,但是公司样本只包含科技行业,那么这个问题得不到解决,因为没有行业变量,也没有对照组(如零售业、制造业、金融服务业)。

根据变量在研究中的作用,它们可以被进一步地区分。在使用实验或准实验设计的研究中,至少有一个变量作为自变量,至少一个变量作为因变量。自变量由研究者控制,这个变量被认为是"原因"。它至少有两个维度或条件(例如干预和非干预条件)。顾名思义,因变量取决于自变量的维度。在得到研究对象中个体的自变量后,可以对因变量进行测量。考虑一下这个变量"效应"。在非实验中,使用了包括自变量的预测因子和因变量的效标在内的稍微不同的术语。

例 3.1 自变量和因变量的操作化

Jay 是一个培训和发展专家,为了增加员工的 IT 知识,他需要决定实施在线培训还是现场培训项目。为了进行这项研究,组织中一半的员工接受了现场培训,另一半接受了在线培训。在接受培训

> 一周后,这些员工接受了 IT 知识测试。自变量是研究人员控制的变量,就是培训项目的类型。自变量的两个维度是现场培训和在线培训。因变量是在执行自变量后测量的变量,是 IT 知识测试的分数。如果其中的一个培训项目更有效,我们将期望在两组人员接受培训后,得到两组之间分数差异的统计显著性。

3.1.1.1 研究性学习中的变量操作化

在设定假设时,变量是使用抽象术语进行陈述的。当使用数据和定量分析来进行假设检验时,研究人员必须仔细考虑如何将这些抽象概念操作化,或者转化成可测量的形式。在处理调节自变量时,操作化通常很简单。例如,如果假设提出,接受个性化优惠券的顾客会有更强烈的购买意向,那么自变量的两个维度就会被控制,仅仅是接受或不接受个人优惠券。同样,在例 3.1 的研究中,为了比较在线或现场培训项目对 IT 知识的影响,自变量为在线培训项目或现场培训项目。

一般来说,在操作化过程中需要更慎重地考虑变量是测量变量——实验研究中的因变量、非实验研究的因变量和自变量。在上面的例子中,为了估计假设,购买意图和 IT 知识的理论架构是因变量,必须通过有形的和定量的方式来获取。这种测量也必须真实反映希望测量的构念。否则,研究人员必须建立某种评估,可以生成表示个人购买意愿的数值或 IT 知识水平的数值。个人的观念、态度和认知的操作化通常比客观变量的操作化更为复杂,比如手机的销售数量、工资或股票业绩等。

对主观构念测量的详细讨论已经超出了本书的范畴[参见 Scherbaum 和 Meade(2009,2013)的回顾],但是要注意有几点很重要。通常来说,观念、态度和认知的测量通常使用多个问题或多个项目来构造测量或尺度。考虑人们在工作中需要联盟的情况,这些被定义为一种需要,即在工作环境中接近、合作和与其他人建立互惠关系的需要(Murray，1938)。在工作中对成就的需要的定义包括许多方面(与他人接近、与他人合作、与他人建立互惠关系)，这些信息在单一的问题中很难获取，而在一个多项目的量表中就能更好地获得。这实际上是以前的研究人员在测量这些信息时所做的工作。举例来说，Shockley和Allen(2010)曾使用这些项目来测量在工作中建立归属感的需求，参见表3.1。这些多项目最终结合在一起，为每个需要在工作中建立归属感的需求的被调查者构建一个综合评分(参见第4.1节)。

表 3.1　在工作中建立归属感的需求项目

请对以下内容给出你的意见，选项有：强烈反对、反对、不反对也不同意、同意、强烈同意。

1. 我在工作中花费很多时间和工作伙伴交谈。
2. 成为工作团队中的一员对我来说很重要。
3. 我关心工作伙伴的幸福。
4. 我喜欢和我的工作伙伴保持重要的关系。
5. 我在工作中满足于被别人围绕的感觉。
6. 相比于和别人一起，我更喜欢独自工作。[R]
7. 我觉得我不需要获得工作伙伴的接受和认可。[R]

注：[R]表示这个项目是负分。
资料来源：Shockley 和 Allen(2010)。版权所有 2010，经 Elsevier 许可。

3.1.2　数值测量的尺度

研究人员可以通过各种方法获得测量变量。首先考虑的因素是数值测量的尺度，这对最终能否进行定量分析有一定的影响。数值测量的尺度(Stevens，1968)反映了为特征、对象的属性、事件或人物赋值的数值的性质。测量尺度有四种：名义尺度、定序尺度、定距尺度和定比尺度。

名义的意思是"名称"，名义尺度包含了不同的分类，它没有固有的数值。举例来说，颜色偏好是使用名义尺度进行的典型测量。蓝、绿、红、黄是不同的颜色类型，但它们都有各自的特殊含义。如果给黄色赋一个值，并不表示它的值比蓝色的赋值更大。在这种类别中没有这样的说法。只有在变量按照类别进行重要的度量时,才应该使用名义尺度。这种类型的测量尺度通常用于商业和管理研究。例如,研究经常将行业、客户细分、销售渠道或地理作为变量。当因变量以名义尺度测量时,可能进行的定量分析会更为受限。

定序尺度被认为是获得排名次序的尺度。比如马拉松的排名(第一、第二和第三等等)是一个定序尺度。虽然这种测量尺度的确包含了内在值(1 比 2 要快得多),但它的局限性在于各个值之间的间距是未知的,而且不是固定的。第一名可能以一秒的成绩击败第二名,但是第二名可能以两分钟的成绩击败第三名。数字之间的间距缺乏一致性造成了许多常见的定量分析使用定序尺度时的测量困难。如果可能,用来计算排名次序的信息(即以分钟为单位的完成时间)应该被使用,因为它考虑到了可能的定量分析的更大值。定序尺度应用于商业和管理研究,但并不是特别常见。

和定序尺度一样,测量的定距尺度也有其内在值。它们的不同之处在于定距尺度的任意两个单位之间的距离是相等的。但是定序尺度不包含绝对的零点,即"0"表示组合中完全没有。定距尺度的常见例子是温度,比如当温度计读数为 0 摄氏度时,这并不意味着没有温度,只是很冷。它也可以表示 10 摄氏度比 11 摄氏度低 1 度。在商业和管理研究中,定序尺度很常见。与客户和员工的经验、观点和特征(如人格)相关的大多数变量都使用定距尺度。

最后,定比尺度具有意义非凡的值,即任意两个单位之间的恒定距离,并包含一个绝对的零点。其中一个例子就是手机的生产数量("0"表示没有制造)。定比尺度通常用于涉及数量或金额的变量(例如行为、销售的项目数量、交易额或错误率)。这些量表在商业和管理研究中非常常见,并用于许多不同的定量分析。

3.1.3　定量分析中变量的测量含义

正如本书中反复强调的那样,我们强烈主张研究人员要考虑到变量的操作和测量,并与研究的最终目标相结合。变量被概念化的方式直接影响到可以得到的结论类型。如前面关于对归属感的需求的例子,在 Shockley 和 Allen(2010)的研究中,它是由定距尺度的方式来测量的。但是人们也可以通过使用社交象征的定比尺度来测量对归属感的需求。这些可以使用红外收发器、麦克风和分析仪等可穿戴设备来记录移动、语言模式和与其他人的接近等。这些数据,尤其是那些涉及与他人互动的数据,可以作为一种归属感需要的指标。我们希望那些对归属感有更高需求的人可以花更多的时间和那些对归属感需求低的人在一起。因为这种类型的数据包括绝对的零点,它代表了测量的定比尺度。同样地,人们可以观察个体之间的相互作用,并根据与他人之间的相互作用的程度来对他们进行排序,以此作为对归属感需求的指标。因为这些类型的数据是排序的,它代表了测量的定序尺度。在操作过程中可以选择不同的定量分析以最好地利用数据的属性。

最后需要指出,在研究可行的情况下,通常建议研究人员使用定距尺度和定比尺度来进行测量。这些量表考虑到了均值和标准差的计算,可以更好地使用推理定量分析。如果使用名义尺度或定序尺度,则研究人员将在定量分析中受到一定的限制。

3.1.4 研究设计

作为定量分析的基本组成部分,研究设计有许多不同之处,但它们可以分为三大类别:实验、准实验和非实验设计。

3.1.4.1 实验设计

人们通常会给任意的研究贴上实验的标签。然而一个"真正的"随机实验要求满足三个条件:(1)必须有一个由研究者控制的自变量;(2)参与者的自变量确定后,必须有一个估计的因变量;(3)如果采用组间设计,必须将参与者随机分配给自变量的不同维度。为了实现随机分配,研究人员必须使用一种系统,该系统允许每个研究实验参与者的自变量被分配的概率相等。随机分配个人的条件可以在大多数计软件中通过使用随机数字表或随机数字生成器实现。

> **例 3.2　随机分配的运用**
>
> 　　Yasmin 是南美洲一个超市的市场研究人员,她对如何设计电子邮件优惠券,从而最有效地鼓励客户点击了解更多关于产品的信息,并进行购买这方面的问题感兴趣。为了检验不同设计的效果,她知道使用随机实验将是最好的研究设计,实验将涉及分配顾客去接受优惠券的不同设计方式。她在市场研究部门的几位同事建议她应该允许客户选择他们收到优惠券的方式。但是 Yasmin 认为,如果允许客户选择,那么这项任务就不是随机的,研究设计将不再是随机实验。她使用随机数生成器将客户分配给四个可能设计中的其中一种。她接着研究在四种可能的设计中是否有不同的点击率和购买情况。

　　组间设计指的是研究中每个条件下的不同组的参与者,需要随机分配才能被认为是一个"真正的"实验。当进行组内实验时,随机分配不是必须的。这是因为组内研究设计涉及的同一组参与者将会按照顺序经历自变量的所有条件。除了要求更小的样本容量之外,组内设计的另一个主要优点是它减少了与参与者个体差异相关的方差(即研究开始时因变量的个体差异)。通过随机分配,我们期望这些个体差异从平均上看,在不同的条件下是相同的,但在组内设计中这是必须的。组内设计也有缺陷,主要是由于延续效应发生的威胁,比如当参与者在一种情况下时,由于熟悉或疲劳,他们的表现就会与第二种情况有所不同。为了解决这个问题,研究人员经常随机地平衡不同参与者的条件顺序。

3.1.4.2　准实验设计

　　准实验设计在许多方面和实验设计类似。它们都需要包含一个自变量和一个因变量,在参与者受自变量的影响之后进行评估。两者的区别是组间设计的准实验对象不是随机分配到不同条件的。因此它们经常被称为非随机实验。在许多情况下,尽管准实验设计不可避免,但它们可能不是最好的,其中的原因将在后文中讨论。物流、成本、道德问题或公平观念,以及其他因素可能会禁止随机分配。例如,一个组织可能想要进行一项关于在减少员工工作与生活冲突方面的弹性工作安排的有效性研究。但如果他们随机允许一些员工使用弹性工作制,而另一些人则没有,那么就可能会产生不公正的感觉。相反,该组织可以决定将该计划公布给在布鲁塞尔工作的员工,而不是在纽约工作的员工。对此不公平的看法可能仍会出现,但可能性不大。

在其他情况下,自变量是自然发生的,这意味着它没有被研究者控制。虽然准实验有一个自变量和一个因变量,但缺少随机分配或控制自变量的能力,就排除了对因果关系的假设和结论,之后我们将会讨论。

例 3.3 准实验的应用

Wagner、Barnes、Lim 和 Ferris(2012)对夏时制(即夏令时)对网络怠工(例如,占用工作时间,由于与工作不相关的个人原因而使用公司的互联网接入)的影响感兴趣。在夏令时之后的周一,研究人员将参加夏令时制的位于美国的员工的互联网搜索行为,与那些处于同样位置的不参加的员工进行了比较。在这种情况下,研究人员不能把参与者随机分配到自变量的两个维度(不管他们是否经历了夏令时制),因此它受参与者自然居住地区的限制。因此,此研究采用了准实验设计,因为自变量没有被控制,参与者没有按条件分配。

3.1.4.3 非实验设计

非实验研究不涉及一个真正的自变量或因变量,也没有被任何研究者控制。非实验研究的目标是简单地理解两个变量是相关的,或是无法推断因果关系的相关。非实验研究可能包括调查措施、客观数据(如公司业绩或股票价格)或行为指标。非实验研究在商业和管理研究中非常普遍。例如,公司可以开展年度员工调查,询问关于各种构念问题,比如总体工作满意度、对经理的满意度、对组织的承诺和离职意向。然后公司可以使用这些数据来查看哪些变量与营业额有显著关联。Baughn、Neupert 和 Sugheir(2013)发表了另一个非实验研究的例子,他们研究了商业创新与移民迁徙之间的关系。在非实验设计中可以做出的唯一适当的陈述是关于关系的陈述(例如那些不太满意的人往往有强烈的愿望离开,移民多的地方往往有更多的新兴商业),记住这一点是至关重要的。非实验研究可能揭示一种积极的关系或关联,或消极的(即相反的)关系或关联。

3.1.5 原始数据源与二手数据源

研究设计的另一个考虑因素是数据的来源。上一节中对各种研究设计的描述都是假定研究者正在设计和收集数据进行分析。但是,研究人员使用原本为其他用途所收集的数据,而不是他/她自己独立开展实验。前者被标记为二手数据或档案数据,后者被称为原始数据。

是否使用原始或二手数据取决于具体的研究问题。有了实验和准实验设计,研究人员通常对一个非常具体的问题感兴趣,而且在之前的实验中可能没有出现过。如果数据已经存在,研究人员可能只是想要依赖那些研究结果而不是重复研究,除非有一个令人信服的理由去重做(例如,研究设计中有明显缺陷,希望用不同的样本来重复研究)。

非实验研究往往更有利于二手数据的使用。根据 Hox 和 Boeije (2005)的说法,使用二手数据是为了进行比较研究或复制,从而对数据进行重新分析,以回答先前未解的问题,这些问题是由于先前的分析或教学和学习目的而提出的。许多数据集是可以共享的,它们存在于数据档案和政府网站上,包括与商业和管理研究相关的现象。一些例子包括欧洲社会调查、收入动态研究小组、康奈尔社会与经济研究所,以及欧洲健康、老龄化和退休调查,这些数据集通常包括国家的典型样本,以及需要付费使用的数据,但另一些数据则是可以开放获取的。其他类型的二手数据可能是特定于组织的(如生产记录、补偿记录)或一般性的(如股票市场业绩)。在确定二手数据源是否适合用于研究问题时,重要的是要仔细审查数据中的抽样策略、数据收集细节和变量,以及它们是如何被测量的,以确定它们是否与手头调查的研究目标一致。检查那些通常包含在二手数据中的代码簿也很重要,以确保它提供了足够的指令和信息。使用二手数据的优点是,由于数据已经被收集,那么它的成本和耗时都要少得多。但是主要的缺点是由于数据已经被收集了,研究人员对所包含的变量类型或使用的特定样本没有发言权。

3.1.6　研究设计的含义和定量分析方法

研究设计和数据的来源对定量分析有重要影响,这些分析适用于检验假设和从假设检验中得出的结论的性质。在第 4 章更详细的描述中,某些研究设计与某些定量分析的关系是有惯例的。实验和准实验设计的假设经常通过评估平均差进行检验(例如 t 检验或方差分析)。非实验设计的假设经常使用获取关系分析进行检验。然而定量分析不需要与给定的研究设计相关联。它最终取决于假设的具体关注点。

研究设计的主要影响之一是可以从数据中得出结论的性质。最终,商业和管理的大部分研究目标是对关联或差异模型进行解释。这一概念的内在性是因果关系,即有充足的自信认为一个因素导致了另一个因素的变化。我们必须明白,没有任何定量分析能够自动地从数据中推断出因果关系。即使在分析中使用的术语是由因果性语言(如预测或效标)构成的,也不能够保证是因果推理。能否得出因果推论基于三个条件,这是由研究设计和执行的方式所决定的。

推断因果关系的三个条件是:(1)自变量("原因")必须与因变量("效应")有关;(2)自变量("原因")必须先于因变量("效应")存在;(3)可以排除对自变量与因变量(因果关系)之间关系的所有其他解释。前两个条件很简单。首先,自变量和因变量必须相关。如果两个变量没有关联,它们之间就没有因果关系。在第 4 章中会详细讨论通过统计检验来确定相关性,且在之前讨论的研究设计范围内进行计算(实验、准实验或非实验研究,使用原始数据或二手数据)。

第二个条件是原因需要在产生效应之前存在。如果你周一的表现很差,而你的几位同事在周二被意外解雇了,周三时你把周一的糟糕表现归咎于公司的裁员,你的经理会诧异地看着你:你不知道的事情怎么会导致你前一天表现不佳呢? 因为一个因素去设置另一个因素,那么这个因素必须首先发生。在研究设计中,这个条件很容易满足,因为自变量是由研究者控制的(实验和一些准实验)。如果自变量首先被控制,研究中不同组的参与者们就会受不同操作的影响,随后再测量因变量,那么就建立了时间先后次序。

这种条件通常不会在非实验设计中得到满足(这在商业和管理研究中是常见的)。举例来说,一个常见的问题是,企业声誉的增加带来了股票价格的上涨。如果我们通过对股票分析师的调查来解决这个问题,询问不同公司的企业声誉,然后将这些数值与公司当天的股价联系起来,我们就可以建立变量之间的关系[条件(1)]。然而,我们不能确定哪个变量先出现然后引起另一个变量,因为我们是同时测量的。很有可能是股价带来了公司声誉的上升,而不是相反的过程。即使研究人员采用两个不同的时间点,即在 1 月份测量了公司声誉数据,6 月份测量了股价数据,仍然不可能完全证明时间先后次序。你先测量了一个变量并不意味着它实际上是第一个发生的,它只是意味着你提前获取了它。区别于实验设计的因素在于研究者正在创造一个变量,且在这一过程中,他们清楚地知道变量的起始点。因此,由于第二个条件不能在非实验设计中得到满足,在解释这一性质的研究结果时使用因果语言是不正确的。值得注意的是,有一些高级的纵向非实验设计,可以在时间先后次序的问题上提供一些启示,但这些设计的讨论超出了本书的范畴[参见 Menard(2008)关于这些方法的讨论]。

因果关系的第三个条件是最难建立的。为了最终得出自变量导致因变量变化的结论,必须排除所有其他可能原因的影响。这就是实验控制问题的关键所在。排除其他因素最简单的方法就是确保没有其他因素。也就是说,最好的设计是确保除了自变量的影响之外,两组之间的所有因素都是相同的。

将参与者随机分配到自变量的各个条件下是该过程的一个重要部分。通过随机将参与者分到各个组,我们希望已经"平衡"了个体之间的所有差异,这些差异可能会影响到整个组的因变量。例如,如果我们正在评估两种不同营销活动的效果,我们不希望活动 A 是由那些已经购买过广告产品的客户参与,活动 B 是由那些还没买过广告产品的客户参与的。如果是这种情况，并且这些组有显著性意义的变量是不相等的，我们可能会得出错误的结论。如果我们的定量分析表明营销活动 B 是更有效的，我们不能确定它确实是由活动 B 所造成的。这可能是因为那些参与活动 B 的人更有可能因为支持产品而改变购买行为（因为他们还没有购买过）。在随机分配的情况下，这种情况不太可能发生——我们应该让参与者均匀地分布在各个组中，这样就可以使所有的个体差异在各组之间大致相等。当没有进行随机分配时，我们不能假设这些组是相等的，因此，我们不能排除因果关系是由其他原因所导致的。

对其他因素的控制也很重要。如房间的温度、研究人员的性格、一天当中的不同时间等因素，应该在不同的组中保持一致。这可以确保除了自变量之外，这些因素对因变量的影响不会由于自变量维度的不同而有所差异。在进行研究的过程中，控制和统一自变量维度的一致性是一个主要的挑战，特别是通常很难预测到可能存在差异的所有变量。这在实验室环境中会比在野外环境中更容易获得，因为研究人员不可能在自然环境或野外环境下控制一切。权衡一下，实验室环境可能过于人为，而不能代表"真实世界"中发生的事情。综上所述，只有在进行可以控制自变量的随机实验时，我们才可以推断出因果关系。

除了对因果关系的影响之外，研究中的控制概念对选择的定量分析类型也有影响。平均差检验（t 检验和方差分析）是基于比较组间差异（参与者受自变量的不同维度影响）与组内差异（自变量各维度的参与者之间的自然差异）的概念。在一个非常可控的环境中，研究人员能够通过确保每个组内的每个参与者都在完全相同的条件下，从而将组内的差异最小化。在控制较少的环境中，这种情况不太可能发生（如实地研究或一些准实验）。通过将组内差异最小化，研究人员获得较大似然概率的定量分析结果，从而更有可能拒绝零假设（这些观点将在第 4章中进行更详细的讨论）。正如 Ronald Fisher 在第 1 章开篇所述，研究人员应该对他/她的研究进行设计，并对其进行定量分析。但是定量分析应该基于他们感兴趣的研究问题来选择（而不是相反的）。

最后一点，原始数据和二手数据的使用决策也会影响定量分析。

当决定是否使用可用的二手数据或收集新数据时,研究者应该考虑二次研究中变量的测量。如上所述,变量的测量是决定定量分析是否最合适的一个主要因素。即使这些变量的操作与研究目标一致,那么这些目标也可能被某些数值测量尺度的使用所阻碍。此外,原始数据和二手数据的主要区别在于整理和准备分析数据的任务(参见第 4 章)。当研究人员控制了数据的处理方式时,这通常会减少原始数据的耗时。二手数据集通常很大,使用复杂的编码系统,且一般很难通过导航找到。这常常会导致需要花费大量的时间准备用于定量分析的表单数据。

3.1.7 第 3.1 节小结

综上所述,有许多基本组成部分是与获取定量分析数据相关的。一是数据是从一个原始来源获取(即研究人员将专门收集研究问题的数据),还是从二手来源获取(以前收集的数据)。使用原始数据时,研究者要做许多决策,包括研究的设计(实验性的、准实验的或非实验的)和变量的操作化及测量。在选择研究设计时,必须考虑研究问题的性质和所期望的结论类型,要记住,确定的因果关系推断必须要在实验的情况下完成。此外,定量变量的操作化和测量与整个研究的效果直接相关,也与用于检验数据的定量分析的类型有关。研究人员需要仔细研究定量变量的数值测量尺度,因为这将直接影响定量分析。

3.2 样本容量、抽样方法和定量分析

3.2.1 确定所需的样本容量和统计功效

在设计一项研究时,首要的决策是确定必要的样本容量。也就是说,研究人员必须估算所需的样本容量,以达到定量分析可接受的统计

功效水平。统计功效是正确拒绝一个错误零假设$(1-\beta)$的概率。换句话说,功效是在效应确实存在的情况下找到效应的似然概率。例如,如果功效等于 0.50,研究人员有 50% 的几率拒绝本应被拒绝的零假设。理想情况下,一个人希望功效接近 1.0,但一般的经验法则是估计的功效水平应该大于 0.80(Cohen,1988)。但是,在商业和管理研究中,它往往远远低于这个值(Cashen and Geiger,2004;Combs,2010)。

每一个定量分析都有特定的公式来估计功效[参见 Cohen(1988)或 Murphy 和 Myors(1998)对统计功效公式的详细回顾]。但是一般来说,这些公式由四个要素组成。第一个要素是功效。第二个要素是 I 类错误的概率(α),这是由研究者决定的。正如第 2 章中所述,I 类错误是错误地拒绝正确的零假设的概率。也就是说,在效应不真实存在的情况下错误地发现效应的似然概率。第三个要素是效应量(ES)。效应量是衡量效应大小的数量级。效应量通常是标准化的,因此它们可以被解释为效应的总变量的百分比。第四个要素是样本容量(n),也就是有多少人需要参与研究。如果三个要素的值保持不变(如功效、α 和 ES),可以估计第四个元素的值(即样本)。

统计功效可以在研究进行之前或之后进行估计。当一项研究未能发现统计显著性结果时,在研究完成后进行功效分析是很有用的。这些分析可以确定较低的统计功效是否导致了统计显著性缺失。然而在一项研究开始前进行的统计分析是最有用的,从而确定必要的样本容量,以达到一定的功效水平。重要的是要记住,先验样本大小的要求和统计功效只是简单的估计值。这些估计是基于假设(如总体参数)的,可能正确,也可能不正确(Parker and Berman,2003)。因此,实际的统计功效可能高于或低于估计值,并且在进行研究时可能需要更多或更少的参与者。

统计书籍、统计软件或可用于估计所需的样本容量和功效的在线资源中,有大量的统计功效表和统计计算器可用。考虑到这些资源的广泛可用性,研究人员很少需要手工计算统计功效。所有研究人员需要知道的是影响功效的四个因素中的三个,表或软件将决定第四个因素的值。唯一的挑战是确定这三个因素的值。通常研究人员会估计最小样本容量或最大功效值。在估计最小样本容量的概率时,功效值通常设在 0.80—0.99 之间。当估计最大功效时,样本容量被设定为一个由实际考虑因素决定的值(例如时间、可用资源和总体的规模)。惯例是设置 $\alpha=0.05$ 或 0.01(Cohen,1994)。效应量往往是最具挑战性的变量,因为各种类型的定量分析都与不同类型的效应量指标有关,研究者可能需要依赖相当多的主观判断。

例 3.4 估计统计功效

Brian 需要对碳酸饮料的店内广告和消费者的购买意向之间的关系进行研究。生产碳酸饮料的公司将向每个完成调查的消费者提供免费饮料的优惠券,以了解他们的购买意向和对店内广告的意识。该公司告诉 Brian,他们会给他 50 张优惠券用于这项研究。在他开始这项研究之前,Brian 想要进行一项功效分析,来确定他找到关联的可能性。为了进行功效分析,他设置 $\alpha=0.05$,样本容量为 50,小规模效应量为 0.20(Cohen,1992),并确定进行相关性分析(参见第 4.3 节)。为了进行功效分析,Brian 使用了 G* Power(Faul et al.,2007),这是一个可以从互联网上下载的免费功效分析软件。将这些值输入到程序中,他估算出样本容量为 50 时,功效只有 0.40。然后他使用该软件来确定样本容量需要多大功效才能达到 0.80。分析表明,他需要 153 名参与者。为了确保研究能够有机会成功,Brian 告诉公司他需要 103 张额外的优惠券,用来确定店内广告是否确实与购买意向有关。

效应量可以用不同的策略来确定。首先最简单的策略是使用关于小、中、大效应量值的规则(Cohen,1988,1992)。第二,我们可以估算出感兴趣的效应最小值。当研究涉及大量的资源且参与者承担了最小的风险时,这个策略可能会帮助研究者决定进行这项研究是否是一个谨慎的想法。如果所需的样本量在基于最小的效应量下能够达到足够的功效,那么样本量将远远大于它的可能值,进行研究可能是不合理

的。第三,我们可以回顾过去类似研究中发现的效应量的文献。特别有用的研究结果是效应量的元分析报告。如果在元分析中没有报告所需的特定效应量,则可将报告的一般统计数据(如平均值和标准差,相关性)转换成所需的效果量(Rosenthal, 1991)。最后我们可以使用经验策略,例如试点研究或蒙特卡罗(Monte Carlo)研究(即计算机模拟)。在可能的情况下,我们强烈建议使用从元分析和经验或模拟研究中估算效应量。

3.2.2 抽样方法

样本被识别和选择的过程与获得一个足够大的样本同样重要。正如第 1 章所述,从样本推断总体的必要性是许多早期定量分析发展的动力。它也是选择样本策略的概率和非概率发展的驱动力,这些方法将代表目标总体,并增加将同一个总体的一个样本中获得的结果复制到其他样本的似然概率。从定量分析的角度来看,这一点非常重要,有两个原因。首先,代表性可以导致样本统计对总体参数的无偏估计。其次,代表性可以以最有效的方式(即尽可能最小的样本)产生这些无偏估计。这两个点都与样本统计的普遍性有关,这是对总体参数的估计。

在某些情况下收集总体中每个成员的数据是可行和可取的。在这些情况下,不需要进行抽样调查,普查是可以的。但在大多数情况下,必须从总体中抽取样本。选择样本的过程从定义特定研究问题的目标总体开始。总体可以很大(如所有男性和女性)或很小(如在初期资助阶段的欧洲生物技术初创公司)。唯一的要求是它可以被清晰地定义。正如我们在本章后面所阐述的那样,虽然总体中的要素数量(即人、事件、对象)对其定义没有影响,但总体容量会对选择的抽样方法有影响。一旦定义了总体,就构造了概率方法的抽样框架,并且抽样对非概率方法也是适用的。抽样框架是总体中个体要素的列表。要素是被取样的人员、对象、事件或信息片段。例如,在公开上市的亚洲公司股票价格与公司治理实践的关系研究中,研究人员可以将在香港证券交易所上市的公司名录作为抽样框架。

所有的抽样框架都会有一些总体中的成员缺失。因此总体与样本范围之间存在着差异。这种差异导致了样本统计和总体参数值的差异。总体参数与样本统计数据的差异被称为抽样误差。抽样误差的来源可以是随机或系统的因素。抽样误差随机来源的一个例子是，在香港交易所上市的一些公司被交易所交易的公司名单错误地遗漏了。随机抽样误差的关键在于，总体中的一个要素被排除在抽样框架之外是偶然的。另一方面，抽样误差有系统的来源，因为有系统因素影响抽样框架内的总体因素。

系统抽样误差来源包括多种形式。发生系统抽样误差是因为有一个已知或未知的系统因素被排除在抽样框架之外，这个因素是属于总体中的一个因素。例如，在香港股票交易所上市不到一年的公司不在总体名单上，最终被排除在抽样框架之外。在这种情况下，时间是一个系统因素，与包含在抽样框架内的似然概率有关。抽样框架定义和构造的不足也会出现系统来源的抽样误差。在这个例子中，目标总体是公开交易的亚洲公司，但抽样框架只使用香港股票交易所的公司数据进行定义和构建。这一抽样框架排除了在亚洲其他地区和全球股票交易所上市的亚洲公司。任何抽样方法在每个阶段的目标是尽量减小抽样误差，以及避免抽样误差的系统来源。

有许多不同的方法可以用来选择样本。这些方法可以分为两类：概率和非概率抽样方法。在概率抽样方法中，抽样框架的每个因素都有一个非零的概率被选为样本，概率是已知的。例如在最简单的情况下，1 000 元的抽样框架中的每个要素被选中的概率为 0.001。概率抽样方法包括简单随机抽样、分层抽样、系统抽样和整群抽样。对于非概率抽样，任何被选为样本的元素的概率都是未知的。非概率抽样方法包括定额抽样、立意抽样、滚雪球抽样和方便抽样。

虽然这些方法通常被认为在抽样人员调查方法的范围内，但它们也可以应用于抽样事件或对象和其他研究方法。例如，本章中讨论的抽样方法通常用于质量操作的控制程序，以识别用于质检的产品样本。同样，研究组织文化的研究人员也可以使用这些方法来为文本分析和内容分析抽取组织和员工沟通的样本。他们也常常被用来选择用于分析的具体事件,例如运输行业的抽样事故或收集股票市场业绩的抽样天数。因此这些方法适用于研究人员需要获得样本进行定量分析的任何情况。

3.2.3 概率抽样方法

概率抽样方法的典型特征是选取的样本范围内的每个要素的概率都是已知的,而且不是零。相对于非概率抽样方法,概率抽样方法具有许多优点。其中一个主要优点是在样本统计时,采用概率抽样方法比通过非概率方法能够更准确地估计总体参数。概率抽样方法也可以用比非概率方法更小的样本量来实现更准确的估计。在抽样框架内,概率抽样方法在不同分析级别中有差异,它根据样本特征将抽样框架划分为更多的同质组。

3.2.3.1 简单随机抽样

在简单随机抽样中,抽样框架的每个要素被选为样本的概率相同。从抽样框架中选取要素的过程是完全随机的。随机选择可以使用计算机软件从样本范围中随机选择一定数量或百分比的要素。研究人员可以在样本范围中随机抽取样本中的要素,要素可以放回样本也可以不放回。如果要素是放回的,那么要素就有机会再次被抽样。虽然这两种方法都是可行的,但不放回抽样更常见。许多定量分析都要求样本内的要素相互独立,而且每个要素在数据中只代表一次,与不放回抽样一致。

3.2.3.2 分层抽样

由于简单随机抽样是完全随机的,所以它的一个局限性就是最终的样本可能不包括具有重要特征的要素,即样本中特定组代表性不足,样本总体过于同质。当这种情况发生时,分层随机抽样是一种更好的方法,因为它可以确保最终样本包含具有所需特征的要素。在分层抽样中,抽样框架根据元素的特征分为若干组。这些组被称为层,每一层中的要素具有类似的特征。建立层的常见特征包括行业、年龄、性别、县和邮政编码。任何可用的特征都可被用于建立层。但是一般建议使用代表样本中所必需的关键特征的层(例如,对行业进行分层,以确保每个行业都有代表性)。这种方法提供了各层中各要素同质性的优点,有助于对各层之间的差异进行定量分析。一旦层建立完成,就可以从各个层中获取随机样本。从各层中随机抽样的规模可以与组中各个层的抽样规模成比例,也可以不成比例。如果一些阶层很小并且关注各层的要素,那么非比例抽样可能是更好的选择。因为它将确保各层有足够的样本容量。然而,如果关注的是总体的参数估计,那么按比例抽样是更好的选择。

3.2.3.3　系统抽样

在系统抽样中,抽样框架中要素的选取不是完全随机的。相反,抽样框架以某种方式排序,然后以固定间隔的重复模式选择元素。例如,一位对股票交易者的冒险行为感兴趣的研究人员可以使用金融服务公司的交易员名字的字母列表,并对名单上的每隔五个交易员进行抽样,直到获得所需的交易员数量。研究人员可以从名单上的第一个名字开始,或者随机选择一个起点。和所有的概率抽样方法一样,要素被选中的概率是已知的。这个方法基本上会产生一个随机样本,除非有一些系统因素被嵌入到与抽样间隔对应的排列顺序中。

3.2.3.4　整群抽样

在某些情况下,在抽样框架内对单个要素的层级进行抽样可能是不可行的。相反的,一个更高级别的分组,称为一个群,可以使用从所选群的所有独立要素中收集的数据。根据从群中抽样的变量,每个群的结果样本可能是高度异构或高度同构的。整群抽样最主要的缺点是比简单随机抽样或分层抽样的效率低。因此在使用整群抽样时需要更大的样本容量。但在许多情况下,整群抽样可能更实际且成本更低。

例 3.5　整群抽样

Karen 是一名研究人员,她对压力、工作通勤模式和通勤时间之间的关系感兴趣。她没有随机抽取生活在亚洲主要城市的个体样本,而是随机抽取了一个亚洲主要城市 150 公里范围内的社区邮政编码。然后她向这些邮政编码中的每个家庭发送一份问卷。在本例中,她使用整群抽样作为高级组变量(即邮政编码)来选择样本。

　　整群抽样的变量是多阶段抽样。在这个变量中,群是在第一个阶段随机抽样的,然后在群中随机抽取要素(例如,更窄的群或个体要素)。例如,对企业道德规范感兴趣的研究人员可能会随机选择行业,然后随机选择这些行业内的公司。或者,研究人员可能对制造组织员工的认识实践感兴趣。研究人员可以随机选择制造组织,然后随机选择主管,然后随机选择为这些主管工作的员工。这些例子证明,抽样可以有两个阶段或者涉及多个阶段。

3.2.4　非概率抽样方法

　　非概率抽样方法的典型特征是所选要素的概率是未知的。非概率方法的主要优点是易于使用,可以控制具有非常明显特征的要素是否包含在样本中,而不需要预先定义抽样框架,甚至事实上可以没有抽样框架。这些优点就是非概率抽样方法在学术和应用研究中都很常用的原因。我们可以说,当前流行的许多新兴技术支持的抽样方法(例如众包)都是非概率方法。

3.2.4.1　立意抽样和定额抽样

　　在立意抽样和定额抽样中,样本要素是根据研究问题的相关特征而特意选择的。有了立意抽样,专家指定可以代表总体的特定样本要素或群。例如在一项关于有效的会计实务的研究中,政府监管机构可以识别哪些公司的会计实务是更高效的。这种方法很有潜力获得具有高度代表性的样本,特别是在总体容量有效的情况下。但是这种方法的效果质量完全取决于专家的素质和他们的判断。

　　在定额抽样的情况下,要抽取一定数量的具有特定特征的样本要素(如 30 岁以下的女性)。抽样持续进行直到达到期望值为止。定额可以由目标总体中具有特定特征的表现来确定(例如一般人群、客户基数)。

例 3.6　定额抽样

　　俄罗斯超级鞋业公司是一家零售商,它希望收集顾客对其新运动鞋创意的看法。据了解,它的顾客可分为:30% 为 30 岁以上的男性,40% 为 30 岁以上的女性,20% 为 30 岁以下的女性,10% 为 30 岁以下的男性。为了确保他们选择的 1 000 名客户样本代表了这些性别和年龄组,他们发放了 300 份调查问卷给 30 岁以上的男性客户,400 份调查问卷给 30 岁以上的女性客户,200 份调查问卷给 30 岁以下的女性客户,100 份调查问卷给 30 岁以下的男性客户。

3.2.4.2　滚雪球抽样

　　滚雪球抽样本质上不是一个具体的方法,而是一个过程,一旦接触到最初的样本,可以对额外的要素进行抽样。在滚雪球抽样中,研究者使用本章中讨论的任何方法创建一个初始样本。研究人员要求样本中的参与者完成研究,然后发出邀请,邀请他们参加他们所在社会和职业网络中的其他研究。如果研究人员缺乏一个抽样框架,或者联系研究参与者的能力非常有限,那么这个方法是有用的。例如,滚雪球抽样特别适用于那些难以接触的群体(例如高管、长期失业者)。相比于未知的研究人员或组织,这些群体中的个体更有可能对来自于他们了解的人所发来的参与研究的邀请作出回应。

3.2.4.3　方便抽样

　　方便样本可以由任何人在准备好的情况下构建。这通常也被称为随意抽样(Saunders,2012)。在学术研究中,方便样本是大学生中的参与者或备用人员的同义词。在应用研究中方便样本有多种形式,包括使用某一天恰巧在自助餐厅的特定时间的员工、自愿参与调查和市场调查的客户、在特定的时间离开特定火车站的某人,或碰巧走在街上遇到研究员在那里征求参与者的某人。不管研究的类型如何,方便样本的主要特征是样本是由给定环境中随时可用的样本要素构建的。

　　在许多情况下,方便样本经常遭到诋毁,这也是情有可原的。显然,当研究目的是从样本中概括总体的观点、行为或态度时,方便样本是不推荐使用的。这样的结果很可能是有偏差的,而且不能代表总体。然而,它们可能适合检查基本过程的研究问题,这些基本过程的形式或功能在不同的人之间差异不会太大。例如组织神经科学的研究经常使用大学生作为方便样本。在研究对负反馈的情感反应的神经基础时,方便抽样可能会产生代表性的结果。方便抽样使用恰当时也是一种有用的抽样方法。当方便抽样使用不当的时候,那么从样本中得到的结果就没有什么价值。一般来说,方便样本不应该是抽样方法的默认选择,需要仔细考虑使用这种方法的影响。

3.2.4　第3.2节小结

研究人员必须对研究所需的样本容量的基本要素,以及如何选取样本做出选择。这两种选择都对将要进行的定量分析产生影响,一旦收集了这些数据,它们就会影响定量分析的统计功效,影响预期总体结果的代表性,以及影响结果的概化。研究人员可以通过功效分析来确定样本容量。功效分析要求研究人员明确期望的功效等级、期望的效应量和I类错误率。在效应量和I类错误率给定的情况下,分析将会表明达到所期望的功效等级所需的样本容量。

除了样本容量的选择,研究人员还必须选择一种方法来确定样本。有许多概率抽样方法(例如随机、分层、系统和整群)和非概率抽样方法(例如立意、定额、滚雪球和方便)让研究人员来选择他们的样本。使用概率方法,即在样本中选择一个要素的概率是已知的且不为0。使用非概率方法,即在样本中选择要素的概率是未知的。正如我们在这一章中所讨论的,没有一种抽样方法总是比其他抽样方法更可取。对于所有涉及研究设计和定量分析的选择,最好的方法将取决于研究问题的性质和期望的结论。

实施定量数据分析

本章介绍了选择和开展定量分析的过程。该过程从研究人员必须采取的许多步骤开始，以了解数据采集的属性，并为后续定量分析准备数据。这些步骤的结果可以确定使用定量分析进行后续假设检验得出的结论类型。此外，这些分析可以确定设计的定量分析是否合适。

根据本章第 4.1 节的引导，准备好用于分析的数据之后，可以开始分析数据来检验假设的实际过程。该过程从选择恰当的定量分析开始。推理性定量分析有多种类型，使用哪种分析取决于假设的性质，以及数值测量的尺度。图 4.1 中提供的决策树概述了本章中所涉及的定量分析综述，及其对如何选择恰当的分析方法的启示。正如第 3 章所讨论的，需要考虑的第一点通常是研究的设计。需要注意的是，许多定量分析可以用于许多研究设计。决策树中提供的信息是基于用于某些设计的最常见的分析过程的简化。第二个考虑的因素是假设涉及的变量数量。第三个考虑因素是变量的数值测量的尺度（即名义、定序、定距和定比）。这一点至关重要，因为它决定了使用参数定量分析合适，还是使用非参数定量分析合适。

参数分析假设潜在总体采取具有已知特征的特定分布形式。使用定距尺度或定比尺度来测量因变量，就可以满足这些假设。非参数检验（有时称为无分布检验）不需要与总体分布相同的假设。当因变量是定序或定量数据时，不能进行分布假设，因此必须使用非参数检验（参见第 4.4 节）。大多数研究设计都可以选择参数和非参数方案来检验假设。

使用参数和非参数检验各有优缺点。使用非参数检验的弊端在于

定量数据分析

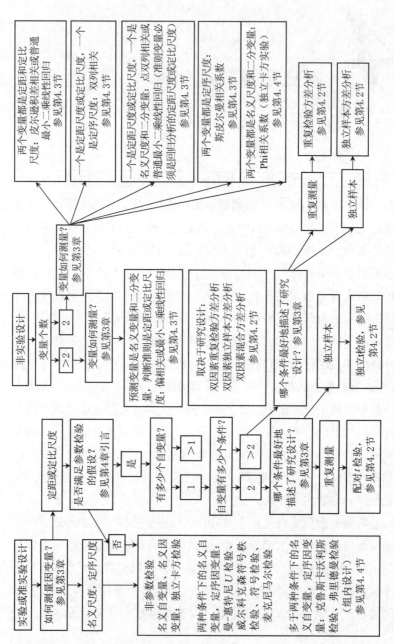

图 4.1 选择适当的定量分析的决策树

42

它们比参数检验的统计功效更小。因为不能依赖于分布假设来计算概率,所以非参数检验必须依靠更保守的方法来估计概率。另一方面,参数检验的弊端在于它们需要满足一组假设。这些假设包括来自类似于正态分布的总体的样本数据,以及总体间差异相等的方差(这个概念被称为方差齐性)。使用非参数检验时,不需要满足这些假设。

在本章的以下部分中,我们描述了最常用于检验假设的各类定量分析,从通常用于实验和准实验设计的那些定量分析开始,然后是通常用于非实验设计的定量分析,接下来是对非参数定量分析的讨论。

4.1 数据准备和描述性定量分析

在本节中,我们将概述研究人员在进行定量分析之前应采取的具体步骤。表 4.1 总结了这些步骤。这些步骤将有助于研究人员了解收集到的数据的属性,并为后续的定量分析做好数据准备。我们不能过分强调仔细和彻底执行这些步骤的重要性。选择的定量分析,以及从分析得出的结论的性质取决于这些步骤提供的信息。

表 4.1　数据准备和描述性定量分析的步骤

步骤	活　　动
1	数据输入和初始数据的准确性评估
2	筛选缺失的数据
3	执行数据转换
4	检查数据的分布和评估异常值
5	评估项目与复合量表之间的关系

虽然这个过程呈现为一系列线性步骤,但是该过程可能是循环的。例如,在步骤 4 中对数据分布的检查可能需要返回到步骤 3 来转换数据,以确保其满足设计的定量分析假设。

4.1.1 步骤一:数据输入和初始数据的准确性评估

首先,应将数据导入或输入到统计分析软件包(例如 IBM 的 SPSS、R、SAS 或 Excel)中。大多数统计分析软件包为导入各种格式(例如文本文件、电子表格)的数据提供了各种选项。对于本文中阐述的大多数分析而言,数据都被结构化了,这样每行都是一个实例(例如人、事件或对象),每列都是一个变量。虽然这不是必需的,但最好的做法是确保每个实例都有一个唯一的标识符(例如,随机身份证号码、客户编号和雇员身份号码等)。图 4.2 是一个来自微软 Excel 的典型数据文件的示例。在图中,每一行表示对顾客调查做出回应的个体,列表示该数据集的变量。第一列包含受访者的唯一身份证号码,其余列表示对问卷调查的回答。

	A	B	C	D	E	F	G	H	I
1	id	q1	q2	q3	q4	q5	q6	q7	q8
2	1	0	1	4	4	4	4	4	4
3	2	0	0	5	4	4	4	5	5
4	3	0	0	4	4	4	4	4	4
5	4	0	0	3	4	4	3	3	4
6	5	0	0	5	4	5	5	5	5
7	6	1	0	4	4	4	4	4	4
8	7	0	1	4	3	4	5	4	4
9	8	1	1	4	4	4	3	3	3
10	9	1	0	5	2	4	4	5	5
11	10	0	1	4	4	4	3	4	
12	11	1	1	5	4	4	3	4	3
13	12	0		4	3	4	4	4	3
14	13	0	0	4	3	4	4	4	4
15	14	0	1		3	4	4	4	3

图 4.2 微软 Excel 中数据文件结构示例

一旦导入或输入数据,就应该对数据输入错误、不可能数据值和其他异常数据值进行筛选。数据集中的每个变量都应该进行筛选,可以使用频数分析进行筛选。频数分析提供关于每个变量观测值的观测次数,以及缺失数据的频数信息。除了提供关于每个变量观测值的观测次数和每个可能取值的观测百分比的信息,频数分析通常还提供累积观测数和累积百分比。频数分析可以在 Excel 中使用"countif"函数进行简单频数计算和使用"frequency"函数进行累积频数计算。百分比可以通过将特定值的频数除以总观测数来计算。频数分析可以用于许多目的,并且将在本节描述的几个步骤中使用。表 4.2 中给出了一个频数分析示例。

表 4.2 响应数据频数表的示例

	频率	累积频率	百分比	累积百分比
强烈反对(1)	34	34	1.7%	1.7%
反对(2)	132	166	6.4%	8.1%
中立(3)	291	457	14.2%	22.3%
同意(4)	487	944	23.7%	46.0%
强烈同意(5)	1 051	1 995	51.2%	97.2%
9	7	2 002	0.3%	97.6%
缺失值	50	2 052	2.4%	100%
合计	2 052	2 052	100%	100%

在这个表中,可以确定哪些值出现在数据集中,出现了多少次,这些值是否表示数据可能的取值,以及数据的缺失值。例如,如果使用五分(1—5)评分量表,则在此评分法中,大于 5 和小于 1 的值是不可能出现的。使用表 4.2 中的数据,如果在研究中使用了 1—5 分评分法,则 9 的值是不可能出现的。在推断一个基准点代表一个不可能值之前,研究人员应该验证数据编码方案,以确保该值是不可能值。寻找不可能或不太可能的值也适用于非评级量表数据。例如,180 岁和 4 亿美元的工资是不太可能出现的,如果不是不可能的话,应该进行验证。

例 4.1 计算频数

Alistair 是一位职业发展专家,他需要调查其公司现有管理人员的职业发展轨迹。他首先调查了管理人员在过去八年中的升职次数。他发现晋升的次数最大数量是 4,最小为 1。他计算了一次、两次、三次和四次升职的频数。在 Excel 中,他使用"countif"函数计算

（续表）

一次升职的频数：＝countif（升职次数，1）。他又重复了其他几次升
职的计算过程。然后，Alistair 从一次升职开始计算累积频数入手。
在 Excel 中，他使用"frequency"函数来计算一次升职的累积频数：＝
frequency（升职变量，1）。这些公式将显示在结果旁边，以说明它们
的用途。他又重复了其他几次升职的计算过程。Alistair 发现，大多
数管理人员在过去八年中有三到四次晋升，他们似乎取得了良好的
职业发展。

	A	B	C	D	E
1	Number of Promotions		Number of Promotions	Frequency	
2	1		1	6	=COUNTIF(A2:A19, C2)
3	4		2	3	=COUNTIF(A2:A19, C3)
4	1		3	4	=COUNTIF(A2:A19, C4)
5	4		4	5	=COUNTIF(A2:A19, C5)
6	3				
7	4				
8	1				
9	4		Number of Promotions	Cummulative frequency	
10	3		1	6	=FREQUENCY(A2:A19, C10)
11	2		2	9	=FREQUENCY(A2:A19, C11)
12	1		3	13	=FREQUENCY(A2:A19, C12)
13	1		4	18	=FREQUENCY(A2:A19, C13)
14	1				
15	2				
16	3				
17	4				
18	3				
19	2				

如果研究人员发现数据中存在不可能或不太可能的值，那么可以采
取几种措施解决。研究人员可以将原始数据文件或数据收集材料（如完
成的问卷）进行核对，以验证数据的准确性，可以对数据进行任何必要的
修正。如果数据中的不可能值是正确的，研究人员则需要删除特定的基
准点或删除特定情况下的所有数据。尽管这两种选择都是可行的，但我
们还是建议删除个体的基准点，并将其视为缺失数据。但是，如果某个
特定案例有几个不可能或不太可能的数据，那么整个案例都应该被删除。

或者，研究人员可以简单地删除任何有问题的数据或案例，而无需
检查原始数据。当数据集非常大并且有问题的基准点的数量非常小
时，这或许是正确的选择。若手动输入数据，即使没有确定有问题的基

准点,也应选择和审核项目的随机抽样,以确保数据的准确性。无论解决问题数据的策略如何,研究人员都应该在经过审查和修改后进行频数分析,以证实问题得到了解决。

4.1.2　步骤二:筛选缺失数据

数据筛选过程的一部分包括对缺失数据的数量及其原因的评估(Graham,2009;Little and Rubin,2002)。缺失数据的存在可能会导致目标总体不具有代表性,从而导致对研究的内部有效性造成威胁,或者导致用于假设检验的数据不足(即统计功效低)。缺失数据的主要考虑因素是它是随机缺失还是系统缺失。随机缺失数据是指缺失数据的概率与其他任何变量,以及缺失数据的变量值无关时所产生的数据缺失。换句话说,缺失数据与受访者的响应或任何其他变量和特征无关。例如,关于企业家收入问题的缺失数据与必须是与受访者的收入水平或其他特征(例如业务类型)是无关的。随机缺失数据不一定会导致结果不能代表总体的预期的问题。按照更系统的模式缺失的数据(例如,仅缺失敏感调查项目的数据、仅由失败的企业所有者报告的收入,或仅缺失某些类型的事件或人员的数据)可能会产生不代表抽样人群的结果。这种缺失数据通常被称为不可忽略的(Little and Rubin,2002)。相比之下,随机缺失的数据可能会被忽略。

数据缺失有许多原因,包括故意或无意的不回应、被访者的时间不足、在被访者完成之前停止了数据收集过程、数据收集工具在采集数据时遇到错误(例如,服务器失去网络连接),或数据输入时带来的导入数据错误等。评估缺失数据的原因很重要,因为它们对假设检验有潜在的影响。如果原始数据文件或材料可用,则由于数据输入或数据导入错误导致的缺失数据就很容易修复。而由于不响应、漫不经心的回复,或中途退出而丢失的数据更难解决,因为它们可能会被系统缺失并且是不可忽略的。

可以容忍的缺失数据的级别将取决于样本量的大小、研究设计类型,以及数据是随机缺失还是系统缺失。当样本量较小并且是纵向研究(即在多个时间点收集的数据)时,缺失数据的问题要大得多。当数据是随机缺失时,可以容忍的缺失数据的级别可能会大于数据系统缺失的数据级别。当系统缺失数据时,需要进行复杂的建模,其中包括采集缺失数据的因素[参见 Little 和 Rubin(2002)对这些方法的综述]。如果是随机缺失,研究人员有几种选择,包括删除案例或使用插补方法来替换缺失数据[参见 Alison(2001);Graham(2009);Little 和 Rubin(2002)对这些方法的综述]。频数分析可用于检查当前缺失的数据量。例如,在表 4.2 所提供的数据中,有 50 个受访者的缺失值,这在总样本中只占很小的比例。

4.1.3 步骤三:执行数据转换

通常,管理研究和商业研究包含了针对不同方向评分的测量。例如,在人格量表中,处于响应量表的较高端的回应可能表示某些项目的人格特质很高,但可能表明不同项目的性状水平较低(即反向评分或键入)。如果使用反向评分,则可能需要对数据进行重新编码,使得反应处于相同方向。例如,Shockley 和 Allen(2010)需要对反向编码的两个项目进行相关性度量(参见表 3.1)。通常,这种类型的数据转换可以在大多数统计软件包中使用数据记录程序轻松执行。同样,从组织数据库中导出的数据通常是以文本形式而非数字形式出现的(例如是"女性"而不是 1)。这些数据需要重新编码成为数值数据,以进行定量分析。一些统计软件程序具有非常有用的对文本数据进行自动重新编码的程序。

例 4.2 重新编码数据

国际制造商是一个行业协会,为了了解其成员正在使用的制造策略,它委托进行了一次调查。使用五分评分量表回答问题,大多数问题的措词都是如此,即较高的分数表示对目前的策略有更积极的看法。不过,有一个调查的问题措词是这样的:"我们目前的制造策略是难以理解的。"该项目得分较高,表示一种消极意见。该项目需要重新编码,使其得分 1 分变成 5 分,2 分变成 4 分,4 分变成 2 分,5 分变成 1 分。

　　如第 3 章所述,许多管理和商业测量利用多个项目来评估一个构念(例如个性、社会经济地位和客户忠诚度)。这些单独的项目被组合(即聚合)成所谓的综合得分或比例分数。例如,评估外向性的人格量表上的十个项目可以进行求和或平均,从而创建每个个体的外向评分。当基于总和(例如检验数据)创建综合得分时,研究人员需要考虑到缺失数据对综合得分的影响。当数据相加时,缺失数据会降低个人可以达到的可能得分。在许多情况下,当使用总数时,建议只有当个体占一定比例的完整数据(例如观察资料或项目可用的数据在 80％)时才计算总和的综合得分。

　　研究人员经常将其数据从其常规度量转换成数学度量,如自然对数。当观察到的数据分布不符合期望的分布状态(例如极端偏斜)时,数据变换的目的是创建符合期望的分布(例如对称钟形分布)。重要的是要记住,数据转换可以改变研究者在随后的定量分析中使用的数据,但是它们并不改变数据不自然地变换形状的事实,并且任何解释都需要参考变换后的数据,而不是数据的原始度量。

　　最常见的一个数据转换的变化是 z 分数或标准分数。z 分数计算如下:

$$z = \frac{X - M}{\sigma} \tag{4.1}$$

　　其中 M 是样本的平均值,X 是特定基准点的值,σ 是样本的标准差。要计算 z 分数,首先计算平均值和标准差(见下一节)。接下来,每个分数减去平均值。最后,用得分和均值之间的差值除以标准差。z 分数可以解释为标准差。z 分数的数值表示基准点与平均值的标准差。

例 4.3　计算 z 分数

　　Taleb 是电脑芯片制造商的质量控制专家。他被要求检查过去一年有缺陷的电脑芯片的比例,并计算每个月的标准分数。使用 Excel,Taleb 首先计算全年有缺陷的芯片的比例的平均值和标准差。接下来,他使用 Excel 中的 standardize 函数:＝standardize

---

（1月份,有缺陷的芯片比率,平均值,标准差)计算 1 月份的标准化
分数。他对其他几个月的数据重复相同的过程。他发现,7 月份的
缺陷率的标准差是 2.08,高于平均值。

	A	B	C	D
1	Month	Rate of Defective Chips	z-score	
2	January	0.84%	-0.66	=STANDARDIZE(B2,B14,B15)
3	February	1.23%	-0.44	=STANDARDIZE(B3,B14,B15)
4	March	0.98%	-0.58	=STANDARDIZE(B4,B14,B15)
5	April	1.18%	-0.47	=STANDARDIZE(B5,B14,B15)
6	May	1.07%	-0.53	=STANDARDIZE(B6,B14,B15)
7	June	4.31%	1.28	=STANDARDIZE(B7,B14,B15)
8	July	5.76%	2.08	=STANDARDIZE(B8,B14,B15)
9	August	4.76%	1.53	=STANDARDIZE(B9,B14,B15)
10	September	0.95%	-0.6	=STANDARDIZE(B10,B14,B15)
11	October	1.13%	-0.5	=STANDARDIZE(B11,B14,B15)
12	November	0.88%	-0.64	=STANDARDIZE(B12,B14,B15)
13	December	1.20%	-0.46	=STANDARDIZE(B13,B14,B15)
14	Mean	2.02%		=AVERAGE(B2:B13)
15	Standard Deviation	0.0179		=STDEV.S(B2:B13)

4.1.4　步骤四:检查数据分布和评估异常值

　　一旦执行了初始数据筛选,就应该检查数据分布的形状。许多用
于检验假设的定量分析都需要考虑到分布形状以做出假设。有许多统
计数据和图形可以用来评估数据分布的形状。图形方法提供了表示整
个数据分布的可视化的表格或图表。统计学方法则是产生可用于描述
分布形状的一小组数据。我们首先可以考虑使用图形方法,然后考虑
统计学方法。我们强烈建议研究人员使用多种方法评估数据分布的
形状。

　　除了考虑分布的形状,以及满足设计的定量分析假设的程度外,研
究者还应该评估极端数据(即异常值)的存在。异常值可以通过掩盖结
果或虚假创建而极大地影响定量分析的结果。之前所提到的每种方法
都提供了具体的技术和规则来识别异常值。一旦发现异常值,研究人

员应在数据中将其标注出来。例如,研究人员可以在数据集中创建一个新的变量。即变量中任何一个有异常值的情况,使用值"1"来表示,对于其他情况使用值"0"来表示。进行定量分析时,研究人员可以使用这个新变量来包含或排除异常值以确定其对分析结果的影响。

4.1.4.1 图形方法

检查数据的频数分布是合理的第一步(从步骤一开始)。它将提供关于分布形状和任何潜在异常值的第一个指征。可以使用频数表或直方图和条形图显示分布。如前所述,频率表会显示数据中的每个值和该值出现的次数(参见表 4.2)。除了每个值的简单计数外,还显示了累积计数(即累积频数)、每个可能值的样本百分比和累积百分比。在表4.2 中,可以看到响应量表的较低端出现的数值很少,而且响应数据大部分位于量表的上端。事实上,51.2%的数据发生在响应量表的选项 5上面。

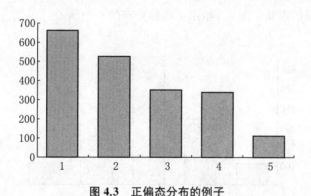

图 4.3 正偏态分布的例子

直方图和条形图是频数表的图形表示(参见图 4.3)。在直方图或条形图中,x 轴包含特定变量上的可能值,y 轴包含频数。两者之间的区别在于直方图用于连续数据,条形图用于触控数据。当数据不是真正连续的时候,使用不触控的条形图。这些图可以在大多数统计软件中创建。在 Excel 中,可以使用图表向导创建它们。从图 4.3 可以看出,数据集中在量表的下端,尾部指向更多正数。这种模式被称为正偏态分布。负偏态分布显示的是相反的图案,分布的尾部指向刻度的下端,如图 4.4 所示。

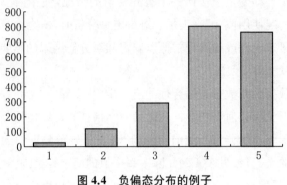

图 4.4 负偏态分布的例子

数据的分布也可以采取更对称的形状。简单地说,在对称分布中,分布的右侧和左侧是镜像。正态分布是对称分布的典型例子。另一个值得注意的例子是均匀分布,其中所有值具有相同的频率,并且数据分布呈矩形的形状。图 4.5 给出了对称分布的一个例子。

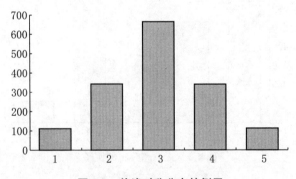

图 4.5 单峰对称分布的例子

条形图和直方图可用于对出现异常值的可能性进行初步评估。如果有一个或多个基准点从数据分布的其余部分中清楚地删除,则表明存在潜在的异常值。这种外观检查不是对异常值的确定检验。相反,这是需要额外检查的初始指标。

在探索性数据分析(Tukey,1977)的标签下有各种额外的图形化程序,可用于描述图形分布。图 4.6 显示了一个茎叶图。该图类似于直方图,因为条的长度表示频数。图形是垂直显示的,并使用数据中的实际数值构建。使用一个值(例如 7)作为图中的主干,并且使用末位数字(例如 1)用于创建分支。在分支中重复末尾数字的次数表示该值的频数。这些图表的一个有用特征是它们识别了可能被视为异常值的极值正值或负值。

频数	茎和叶
2.00	Extremes (=<50)
1.00	5 . &
1.00	6 . &
14.00	7 . 1579&
39.00	8 . 00123445667899
57.00	9 . 001122233455566788899
96.00	10 . 0001112222334444555566677777889999
121.00	11 . 00001112223333444444555566666777778888999
164.00	12 . 000111112222222333333444445555555666667777788888999
179.00	13 . 0011111222233333334444444555556666777778888889999999
190.00	14 . 00000001111112222233333333444445555555566666666777778889999999
192.00	15 . 00000001112222222333334444444555666667777778899999999
197.00	16 . 0000022222223333333444455555555566667788888889999999
185.00	17 . 001111111233333344444555555556666777778888889999999
164.00	18 . 0000000111112233333444455556666677777777888899
104.00	19 . 0001112222333444445555666777788889999
72.00	20 . 0001222333344455566677788899
54.00	21 . 0001233444455678899
16.00	22 . 01458&
11.00	23 . 039&
3.00	24 . &
8.00	Extremes (>=246)

注:茎的宽度:10.00;每叶:3 例。

图 4.6 茎叶图展示

箱线图是另一个可用于显示分布形状的图形(参见图 4.7),这些图也经常被称为盒须图。箱线图基本上创建了一个表示中间数据的 50% 的盒子。盒子是使用分布于第 25 百分位数和第 75 百分位数之间的数据构建的。盒子顶部和底部之间的距离称为四分位数间距。盒内的实线表示第 50 百分位数(即中位数)。确定绘图中"胡须"的长度有几种可能的方法。可以从盒子中画出胡须:(1)数据中的最小值和最大值;(2)四分之一范围的±1.5 倍;(3)极值上下百分比(例如第 5 百分位数和第 95 百分位数)。

在箱形图中,异常值可以被识别为超出上部或下部胡须的数据。

如图 4.7 所示，这些数据用绘图上的点和点代表的案例编号表示。

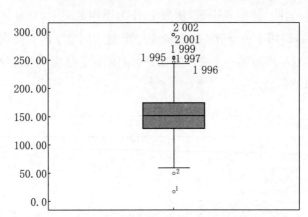

图 4.7 茎叶图示例

4.1.4.2 统计学方法

使用描述性定量分析来统计分析数据分布的形状。其价值在于它们可以利用一些有限的统计数据总结出任何分布形状，包括非常大的分布形状。描述性定量分析包括集中趋势的度量、变异性的度量和偏态的度量。通常，这些描述性统计最适合使用定距尺度或定比尺度数据。本章中介绍的统计方法的示例包括在计算结果旁边插入 Excel 公式，以显示基础计算。

集中趋势的测量描述了数据分布中最具代表性的要点。平均值、中位数和众数是集中趋势测量的例子。众数是变量中出现最多的值（即最频繁出现的值）。任何给定的分布都可以有一个或多个众数。具有一个众数的分布称为单众数。具有两个众数的分布称为双众数。众数是唯一适用于定序数据的描述性定量分析。中位数代表变量的第50 个百分点位数。也就是说，中位数是将分布分成两半的点。中位数和众数都是根据数据的频数确定的。其中一个有用的方面是它们是微不足道的，或者根本不受异常值的影响。因此，它们的值比平均值稍微更稳定一些。

平均值是一组数据的算术平均值。它可以用变量的数据总和除以样本量来计算。它在数学上用公式 4.2 来表示：

$$M = \frac{\sum x}{n} \tag{4.2}$$

在公式中，$\sum x$ 是变量 x 的值的和，n 是样本大小，M 是样本平均值（也可以表示为 $\bar{x}$）。平均值会受异常值的影响，会被拉向最极端异常值的方向（即值的增加或减小）。如果存在潜在的异常值，则可以使用截尾平均值。截尾平均值是将异常值位于分布末端的数据再降低一定百分比（例如 5%）的平均值。

平均值、中位数和众数之间的关系可以表示有关分布形状的信息。如果三者相等，则表示对称分布。在平均值最小且众数值最大的情况下，表示负偏态分布。反之，众数的值最小，平均值最大，则表示正偏态分布。

变异性测量描述了数据分布的扩散。全距、方差和标准差是变异性度量的例子。变异性度量最适合使用定距或定比尺度数据。全距表示变量的最大值和最小值之间的距离的变异量数。换句话说，它表示数据分布的每个端点之间的变化。全距用变量的最大值和最小值之间的差计算。考虑到该计算方法，全距会受到异常值的严重影响。全距在数据筛选过程中是有用的。对于许多变量来说，都存在一个基于理论或度量过程的预期全距。如果全距的值大于预期值，这可能表明变量存在不可能或不准确的值。如果全距的值远远小于可能值域，则可能表示变量的全距是有限制的。仅当变量的可能值为窄间距时才发生全距的限制。例如，高校的入学考试成绩的范围通常是有限制的，因此得分较高，是在可能值域上限的窄间距之内。

方差和标准差表示数据从平均值的变化或延伸。它们最适合使用全距或定比数据。方差和标准差的重要性是不容低估的。它们在本书中的每个参数定量分析中都起到重要作用。方差表示与平均值的平均平方偏差，并且在数学上用公式 4.3 定义：

$$s^2 = \frac{\sum (x - M)^2}{n - 1} \tag{4.3}$$

公式中，n 表示样本大小，x 是变量的基准点，M 是样本平均值。

为了计算方差,取每个基准点与平均值之间的差值。接下来,对这些差值进行平方,并将它们加总,最后,将总和除以样本大小减去 1 的差值。

将方差概念化的一种简单方法是用它表示每个基准点与平方单位的均值之间的平均距离。假设平方单位不是通常使用的度量,则采用方差的平方根来生成标准差$(s = \sqrt{s^2})$。标准差表示与平均值相同的测量单位中平均值的变量。没有一套可用于确定方差或标准差是大还是小的指导方法。它们的大小只能与平均值进行比较。如果平均值为150,那么 100 的标准差似乎很大,但如果平均值为 10 000,则标准差似乎很小。研究者需要将方差和标准差与均值和预期变量进行比较来评估方差和标准差。如后续章节所述,对于一些定量分析来说,方差和标准偏差为较小值是可取的。对于其他分析来说,较大的值更有利。

例 4.4　计算集中趋势和变异性的方法

Shreya 是一名会计师,被要求检查公司原材料的平均支出,以及 12 月份九个制造商的支出变动情况。Shreya 首先使用 Excel 计算集中趋势的度量。为了计算众数和中位数,她使用"mode"函数:＝mode(布里斯托尔原材料支出:里约热内卢原材料支出)和"中位数"函数:＝中位数(布里斯托尔原材料支出:里约热内卢原材料支出),要计算平均值,她使用"average"函数:＝average(布里斯托尔原材料支出:里约热内卢原材料支出)。

接下来,Shreya 计算变异性的度量。她从计算全距开始入手。在 Excel 中,她计算支出的最大值:＝max(布里斯托尔原材料支出:里约热内卢原材料支出)和支出的最小值:＝min(布里斯托尔原材料支出:里约热内卢支出原材料支出)。用最大值减去最小值即可得到全距。为了计算方差和标准差,她使用"var.s"函数:＝var.s(布里斯托尔原材料支出:里约热内卢原材料支出)和"stdev.s"函数:＝stdev.s(布里斯托尔原材料支出:里约热内卢原材料支出)。

Shreya 发现,平均来说,这些工厂的原材料(平均值)为 1 045 666英镑。一半的工厂花费 932 000 英镑或更少(中位数)。出现次数最

（续表）

多的金额为 901 000 英镑（众数）。支出的全距是 499 000 英镑。平均值和基准点之间的平均差为 191 354 英镑（标准差）。

	A	B	C	D	E	F
1	Plant	Expenses for Raw Materials		Mode	£901,000.00	=MODE(B2:B10)
2	Bristol	£1,200,000.00		Median	£932,000.00	=MEDIAN(B2:B10)
3	Shenzhen	£901,000.00		Mean	£1,045,666.67	=AVERAGE(B2:B10)
4	Mexico City	£932,000.00		Maximum	£1,400,000.00	=MAX(B2:B10)
5	Detroit	£1,400,000.00		Minimum	£901,000.00	=MIN(B2:B10)
6	Kiev	£901,000.00		Range	£499,000.00	=E4-E5
7	Johannesburg	£988,000.00		Variance	£36,616,500,000.00	=VAR.S(B2:B10)
8	Manila	£901,000.00		Standard Deviation	£191,354.38	=STDEV.S(B2:B10)
9	Brisbane	£1,267,000.00		Kurtosis	-0.483139893	=KURT(B2:B10)
10	Rio de Janeiro	£921,000.00		Skewness	1.062569029	=SKEW(B2:B10)

关于集中趋势和变异性测量的讨论主要集中在单个样本的实际数据分布。同时还可以构建检验统计的分布。如第 4.2 节、第 4.3 节和第 4.4 节所详细讨论的，每个推理定量分析都涉及一个值的计算（例如 t、F、r 或 b）。这些值都以一组平均值和一组标准差形成各自的分布（即抽样分布）。这个概念对于零假设检验的意义至关重要，因为这些分布被用于对概率作出判断。

除了集中趋势和变异性的度量之外，还有许多统计数据被设计用于对分布中图形表示的形状进行量化。偏度和峰度就是此类度量的例子。偏度是反映分布对称程度的统计量。当分布对称时，偏度统计量的值为 0.00 或非常接近 0.00。较大的值表示更大程度的偏度（即非对称性）。当分布呈负偏态时，它将为负数。标准误可以用来计算偏度。标准误是抽样分布的标准差。可以使用标准误来确定偏差值从 0.00 开始的标准差的数量。如果在任一方向上超过两个标准差，则可能表明数据存在相当程度的偏差。例如，在例 4.4 中，偏度值为 1.06，表示高度正偏态的分布。

峰度反映了分布的"峰值"，即给定分布与对称单峰分布相关的情况下是如何尖起或扁平的。如果分布与单众数对称，则峰度统计量的值将为 0.00 或非常接近 0.00。较大的值表示更大程度的尖峰或扁平的分布。峰值为正值表明分布是尖峰的并且具有粗尾（即尖峰态分布)。峰值为负值表示分布扁平且具有薄尾(即低峰态分布)。可以计算峰度的标准误,它可用于确定峰值从 0.00 开始的标准差的数量。如果超过两个标准差,则可能表明与单峰对称分布有一定程度的偏离。这两种分布形状的度量尚未得到充分了解,通常不会报告,但它们提供了有关分布的有用信息(DeCarlo,1997)。例如,在例 4.4 中,峰度的值为一0.48,这表明分布是低峰态分布。

第 4.2 节和第 4.3 节讨论的许多定量分析都需要对分布形状进行特定假设。有几种检验可用于确定样本分布是否充分地呈现了该形状。为了检验数据的分布是否具有特定的分布形状(例如正态),可以使用柯尔莫哥洛夫(Kolmogorov-Smirnov)检验或夏皮罗—威尔克斯(Shapiro-Wilks)检验。使用柯尔莫哥洛夫检验可以确定观察到的分布是否与正态分布、均匀分布、指数分布或泊松分布不同。该检验可用于确定数据是否符合特定理论分布,或两个分布是否彼此不同。夏皮罗—威尔克斯检验可以用于确定观察到的分布是否与正态分布不同,并且在样本容量较小时特别有用。

4.1.5 步骤五:评估项目和复合量表之间的关系

当将聚集变量变为组合或量表时,研究人员需要根据组合或量表的项目之间的关系来检查所得的组合或量表。这可以使用如相关性之类的关系度量来完成。相关性是一个统计技术的家族,用于评估两个或多个变量之间关系的方向和强度。相关性将在第 4.3 节进行详细讨论。在这种情况下,研究者应该检查用于创建组合的变量之间的相关性。

组合还应根据其一致性和底层结构(即维度)进行评估。本系列的后期书籍将更详细地介绍这些主题。然而,作为进行定量分析之前的步骤之一,需要对信度或一致性的重要性进行简要讨论。信度是组合中各个项目的响应的属性。因此,使用对构成组合量表的每个项目的响应以对信度进行评估,而不是组合得分。有几种类型的信度系数。首先,有一些系数是评估跨越时间的稳定性和一致性。这些通常被称为再测信度或稳定性系数。在两个不同时间点的响应之间的相关性用于计算该信度系数。第二,有一些系数可用来评估不同项目或度量相同结构形态的等效。这些称为复本系数,可以用不同的项目集或形态之间的相关性来计算该信度系数。

最后,有些系数可用来评估内部一致性。内部一致性可以被认为是对项目的响应的同质性。如果对项目的响应是连续的,可以使用克朗巴哈(Cronbach)系数。库德—理查逊(Kuder-Richardson)的 KR-20 或 KR-21 可用于二分类数据。这些信度系数范围可以在 0.0 到 1.0 之间,1.0 表示完全一致。虽然没有内部一致性估计的明确标准(Pedhazur and Pedhazur-Schmelkin, 1991),以及关于构成切实证据的许多错误信念(Lance et al., 2006),但 Nunnally(1978)建议探索性研究估计应为 0.70 和 0.90 以上的实际应用是合理的。证明令人满意的可靠性估计是至关重要的。信度水平较低的量表在评估研究问题上是没有什么价值的。

4.1.6 第 4.1 节小结

所有定量分析都是从一系列步骤开始的,旨在帮助研究人员了解其数据的属性,并为用于检验研究问题和研究假设的定量分析准备数据。这些步骤将有助于研究人员了解数据集的准确性、缺失数据的级别、集中趋势(平均值、中位数和众数)和变异性(全距、方差和标准差)。这些步骤还将帮助研究人员进行任何必要的转换,为进行定量分析做数据准备。这些步骤包括导入数据并检查其准确性、筛选缺失数据、执行数据转换、检查数据分布和评估异常值,以及评估项目与组合量表之间的关系(参见表 4.1)。该过程的第四步涉及平均值、中位数、众数、方差和标准差的计算,这是常见的描述性定量分析。

第 4.1 节概述的步骤将使用研究人员可能遇到的任何数据。然而,在某些情况下,还有一些额外的步骤可能是必要的。许多情况下,研究人员分析数据是包含在设计和开展研究当中的,并对使用的度量及用到的方法非常熟悉。然而,分析数据的研究者不参与研究的早期阶段(例如二手数据)的情况变得越来越普遍。因此,研究人员可能对所收集的测量的性质,以及可能影响定量分析的样本或研究设计的要素不那么熟悉。在这种情况下,我们强烈要求研究人员提出一些有关数据的问题,作为在本章节描述的步骤一之前出现的附加步骤。这些问题包括:

1. 这些数据是由谁收集的,以及它们是如何被选择纳入研究的?
2. 提交给受访者的是什么项目?
3. 对项目的可能应答是什么?
4. 什么时候收集的数据?
5. 数据收集的背景是什么?

对这些问题的反应可以体现定量分析的性质,或者对是否进行任何分析造成影响。当研究人员不参与研究设计和执行时,还需要格外谨慎以确保进行适当的定量分析,并对结果进行正确解释。

例 4.5　当研究者不参与数据收集时了解数据

Sun 是全球金融机构的分析师,被人力资源部门要求分析公司管理上的 360 度反馈项目的数据,以检验其有效性的研究问题。Sun 没有参与这个计划,这是她第一次看到这些数据。在数据分析之前,Sun 问了以下问题:

1. 收集了哪些员工的 360 度反馈数据,以及这些员工是如何被选择而提供反馈数据的?
2. 在 360 度反馈表中向员工提供了哪些项目?
3. 对 360 度反馈表的项目可能会有什么应答?
4. 什么时候收集的 360 度反馈数据?
5. 收集 360 度反馈数据的背景是什么?

她发现提供反馈的员工是由被评估的管理人员挑选的,对管理人员的评估是在员工薪酬调整确定之前立即收集的,评估表仅包含集中于杰出业绩的项目,员工当场完成这些评估表的时候,管理人员是在场的。根据这些信息,Sun 总结出,从分析数据中可能只能了解到很少的信息,因为它不太可能为经理提供准确且有代表性的评估。她没有进一步分析数据。

4.2 实验研究使用的定量分析

第 4.1 节为最常用于实验和准实验研究设计的许多定量分析提供了指导。每种分析的介绍将涵盖计算的基本逻辑、公式和步骤，并简要回顾了主要的假设。我们提供这些信息是为了给公式提供概念基础，然而在实践中，人工计算是比较少见的。大多数定量分析会使用软件程序，如 Excel、SPSS、SAS 和 R 等。对于每个定量分析，我们可使用微软 Excel 描述定量分析的过程和函数。相关 Excel 公式的列表在 Excel 公式的附录中。此外，示例中所使用的 Excel 公式与结果相邻呈现，以显示基础计算。

通常在进行实验或准实验时，研究的目标是确定在自变量的条件下，因变量的平均值是否存在显著差异。有几种定量分析可用于比较平均差，检验的选择取决于自变量的条件数量（两个或两个以上）、研究的设计（组内或组间设计）和自变量的数量（一个或多个）。所有这些分析都假定因变量数据是以定距或定比尺度来测量的。在这些分析中，自变量的数据是以名义或定序尺度来衡量的。

我们将首先讨论针对仅涉及两组或两个级别的自变量（t 检验）的假设设计的定量分析。一般来说，t 检验的公式包括计算平均值之间的观察差值与平均值之间的预期差值的比率。均值之间的预期差值是基于估计的标准误，这显示了任意样本平均值与总体均值的间距的平均距离。否则，由于抽样误差，它是会偏离预期的。实际差值与预期差值的比率越大，我们越有可能说两个均值有显著差异。

接下来，我们解释一下当有两个以上维度的自变量时应该使用的适当类别的检验（F 检验或方差分析）。最后，我们用多个自变量来解释分析（因子方差分析）。一般来说，方差分析公式的概念基础是自变量的条件或组之间的平均方差与每组中的平均方差（也称为误差方差）的比率。随着这个比率的增加，我们更有可能说每个组合相关的均值之间至少有一个差值。回想一下，推理定量分析使用样本来推断总体。因此，尽管推理检验是用样本进行检验的,但它们提出的零假设集中在总体层面。

4.2.1　独立 t 检验

当研究的设计是组间设计(参见第 3 章),并且仅比较自变量的两个条件或维度时,使用定距或定比测量尺度来测量因变量,并且满足参数检验的假设,独立的 t 检验是适合的。在这种性质的研究中,研究者使用两个样本来表示两个总体,并对样本进行定量分析,以检验关于这些总体的假设彼此显著不同。

零假设是条件 1 的总体均值与条件 2 的总体均值相同:

$$\mathrm{H}_0 : \mu_{\text{条件}1} = \mu_{\text{条件}2}$$

如果分析具有统计学意义,则拒绝零假设,并得出结论,选择样本 1 的总体均值与选择样本 2 的总体均值有显著差异。否则,不能拒绝零假设,并得出结论认为,没有足够的证据表明选择样本 1 的总体均值与选择样本 2 的总体均值有显著差异。独立 t 检验使用 t 分布来确定与观察到的检验结果相关的概率。t 分布改变了自由度的形状。自由度(缩写为 df)是指计算中可自由变化的值的数量。作为这个概念的一个简单例子,要考虑平均值的计算。如果三个分数的平均值是 10,我们知道两个分数是 7 和 15,我们没有自由度(或可以变化的值),因为第三个分数必须是 8。本书涵盖的所有定量分析包括:相关的自由度,因为它们限制了计算过程中数据中的一些值。例如,许多检验需要计算平均值,这约束了给定变量的至少一个数值。具体的公式取决于在计算定量分析公式的分量时有多少可以自由变化的值。

独立 t 检验的公式如下:

$$t_{obtained} = \frac{(M_1 - M_2) - (\mu_1 - \mu_2)}{s_{(M_1 - M_2)}} \tag{4.4}$$

$$S_{(M_1 - M_2)} = \sqrt{\frac{s_p^2}{n_1} + \frac{s_p^2}{n_2}} \tag{4.5}$$

$$s_p^2 = \frac{(n_1 - 1) * s_1^2 + (n_2 - 1) * s_2^2}{(n_1 - 1) + (n_2 - 1)} \tag{4.6}$$

其中 M_1 是条件 1 样本的平均值，M_2 是条件 2 样本的平均值，μ_1 是条件 1 总体的平均值，μ_2 是条件 2 总体的平均值，$S_{(M_1-M_2)}$ 是样本均值之间差异的估计标准误，s_p^2 是两个样本之间的合并方差，n_1 是条件 1 的样本量，n_2 是条件 2 的样本量，s_1^2 是条件 1 样本的方差，s_2^2 为条件 2 样本的方差。独立 t 检验的总自由度为 $n_1 n_2 - 2$。

关于该公式的一些细节值得进一步讨论。首先，注意分子包括 $\mu_1 - \mu_2$ 项。在每一个零假设中，该值总是等于 0（如果两个平均值相等，它们的差值为 0）。因此，该项可以从方程式中有效地剔除。其次，由于该检验的重点是两个均值之间的差值，所以将这种差值与两个样本之间的估计差值进行比较。

因为平均值之间的差值的标准误（公式 4.5）涉及两个样本均值，我们必须将这两个均值的相关变量结合。然而，两个样本可能具有不同的方差（特别是如果它们具有不同的样本大小）。因为较大的样本倾向于更好的总体估计量（根据定义，较大的样本更接近总体近似值），所以在计算中该样本应该被赋予更大的权重。这正是在合并方差的公式中所做的（公式 4.6）。该公式基本上是计算两个样本方差的加权平均值。注意，如果样本容量大小相同，这与计算常规平均值相同，因为两者权重相等。接下来，一旦估计了合并方差，我们就使用该值来计算平均值之间的差异的估计标准误（公式 4.5），其中包括将合并方差除以每个样本的样本容量。计算独立 t 检验的步骤总结在表 4.3 中。

表 4.3 计算独立 t 检验的步骤

1. 陈述零假设。
2. 计算 M_1 和 M_2 的值。
3. 计算 S_1^2 和 S_2^2 的值。
4. 计算 S_p^2 的值。
5. 计算 $S_{(M_1-M_2)}$ 的值。
6. 计算 $t_{obtained}$ 的值。
7. 确定与 $t_{obtained}$ 相关的概率。
8. 做出拒绝或不拒绝零假设的决策。
9. 解释决策。

例 4.6　进行独立 t 检验

Kite 公司希望改善客户服务体验。该公司设计了两种培训项目,以帮助客户服务代表提高客户满意度。其中一个培训项目是完全在线的,另一个是现场培训。该公司想知道哪个培训项目更有效。为了检验这个问题,14 名客户服务人员接受了现场培训,两周后记录了其客户服务评分。另一组 14 名员工进行了在线培训,他们的客户服务评分也被记录在案。客户服务评分为 10 分制,10 分表示最高水平的服务,并以客户报告为依据。

步骤 1:陈述零假设。零假设是,接受在线培训的人员的平均客户服务评分与接受现场培训的人员的平均客户服务评分相同:

$$H_0:\mu_{在线培训} = \mu_{现场培训} \text{ 或}$$
$$H_0:\mu_{在线培训} - \mu_{现场培训} = 0$$

回想一下,零假设关注的是总体层面,但我们使用一个样本来检验假设,然后对总体进行推断。

步骤 2:计算 M_1 和 M_2 的值。可以使用公式 4.2 和 Excel 中的"average"公式计算均值。

步骤 3:计算 S_1^2 和 S_2^2 的值。方差可以用公式 4.3 和 Excel 中的"var.s"函数计算。

	A	B	C	D	E	F
1	Online	In-Person				
2	6	8		Online		
3	7	6		M =	6.86	=AVERAGE(A2:A15)
4	6	5		S^2 =	1.67	=VAR.S(A2:A15)
5	5	8				
6	9	9		In-Person		
7	7	10		M =	7.71	=AVERAGE(B2:B15)
8	5	10		S^2 =	3.30	=VAR.S(B2:B15)
9	8	8				
10	7	9		Pooled variance =	2.48	=(((14-1)*E4)+((14-1)*E8))/((14-1)+(14-1))
11	9	6		Standard error =	0.60	=SQRT((E10/14)+(E10/14))
12	8	5		t =	1.44	=(E7-E3)/E11
13	6	8		df =	26	=COUNT(A2:B15)-2
14	7	10		probability of t =	0.16	=T.TEST(A2:A15, B2:B15, 2,3)
15	6	6				

步骤 4:计算 s_p^2 的值。合并方差可以使用公式 4.6 计算:

$$s_p^2 = \frac{(14-1)*1.67+(14-1)*3.30}{(14-1)+(14-1)} = 2.48$$

步骤 5：计算 $S_{(M_1-M_2)}$ 的值。均值之间的差值的标准误可以用公式 4.5 计算：

$$S_{(M_1-M_2)} = \sqrt{\frac{2.48}{14}+\frac{2.48}{14}} = 0.60$$

步骤 6：计算 $t_{obtained}$ 的值。可以用公式 4.4 计算 t 检验。

$$t_{obtained} = \frac{(7.71-6.86)-(0)}{0.60} = 1.44$$

步骤 7：确定与 $t_{obtained}$ 相关的概率。与 $t = |1.44|$ 相关的概率是 0.16。这可以使用统计程序中的确切概率来确定，或者使用临界值 2.056 来确定，它是与 $df = 26$ 相关联的 t 值，概率为 0.05。t 值的显著性可以使用"t.test"函数＝t.test（来自在线条件的数据，来自现场条件的数据，2，3）来评估，其中公式中的"2"代表检验的尾数（双尾），公式中的"3"表示 t 检验的类型（独立于假设的异方差）。

步骤 8：做出拒绝或不拒绝零假设的决策。基于 t 检验的结果，我们不能拒绝零假设。

步骤 9：解释决策。没有证据证明两个培训项目之间有统计显著性差异。从实践的角度来看，Kite 公司应考虑实施在线培训，因为管理起来比现场培训更便宜，并没有证据表明两种培训项目之间的有效性差异。

4.2.2 配对 t 检验

当研究的设计是组内设计（参见第 3 章）时，仅比较自变量的两个条件或维度，使用定距或定比测量尺度来测量因变量，并且满足参数检验的假设，配对 t 检验是适合的。在这种性质的研究中，研究者侧重于自变量的两个条件，但是使用两个条件的参与者的单个样本来检验这两个条件。从这个意义上来说,每个参与者都是自己的参照。配对 t 检验的重点是确定样本均值差分数(一个条件下的参与者的得分减去另一个条件下的参与者的平均差值),因为总体差值得分的代表与零有统计显著性差异。

该检验的零假设是,总体中的均值差得分等于零:

$$H_0 : \mu_D = 0$$

如果结果具有统计学意义,则拒绝零假设,并得出结论:总体中的均值差分与零有显著差异。否则,则不能拒绝零假设,并得出结论,没有足够的证据表明总体中的均值差分与零有显著差异。配对 t 检验使用 t 分布来确定与观察到的检验结果相关的概率。

配对 t 检验的公式为:

$$t_{obtained} = \frac{M_D - \mu_D}{S_{M_D}} \tag{4.7}$$

$$S_{M_D} = \sqrt{\frac{S_D^2}{n_D}} \tag{4.8}$$

$$D = X_2 - X_1 \tag{4.9}$$

其中 D 是个体参与者的差分,M_D 是样本中所有参与者的差分的平均值,μ_D 是零假设指定的总体的均值差分,S_{M_D} 是均值差分的估计标准误,S_D^2 是样本中均值差分的方差,n_D 是样本中差分的数量(如果所有参与者都满足两个条件,则与参与者的数量相同)。配对 t 检验的总自由度为 $n_D - 1$。表 4.4 中总结了计算配对 t 检验的步骤。

表 4.4 计算配对 t 检验的步骤

1. 陈述零假设。
2. 计算每个个体的 D 值。
3. 计算 M_D 的值。
4. 计算 S_D^2 的值。
5. 计算 S_{MD} 的值。
6. 计算 $t_{obtained}$ 的值。
7. 确定与 $t_{obtained}$ 相关的概率。
8. 做出拒绝或不拒绝零假设的决策。
9. 解释决策。

例 4.7 进行配对 t 检验

Piranha 品牌有意增加客户对其新型环保家用清洁产品的认识。该公司对 13 位客户进行了一项调查,了解他们对这些新产品的认识,并记录他们的反应。随后将有关新清洁产品的广告材料发送给这 13 位客户。两周后,对这些客户就他们对新产品的认识进行了第二次调查。Piranha 想知道是否值得对所有客户进行广告活动。换句话说,广告后认识得分是否明显高于广告前评分?

步骤 1:陈述零假设。 广告前后总体的认识得分之间的差值为零:

$$H_0 : \mu_D = 0$$

回想一下,零假设关注的是总体层面,但我们使用样本来检验假设,然后对总体进行推断。

步骤 2:计算每个个体的 D 值。 每个个体的差分用公式 4.9 计算。

步骤 3:计算 M_D 的值。 通过步骤 2 中计算得出的差分得分的平均值来计算 M_D 的值。这可以使用公式 4.2 或使用 Excel 中的"average"函数计算。必须首先计算差值得分并进行平均,然后对广告前的分数进行平均,之后对广告后的分数进行平均,减去这两个值将给出一个不同的和不正确的 M_D 的值。

步骤 4:计算 S_D^2 的值。 使用公式 4.3 和 Excel 中的"var.s"函数计算。注意,计算仅涉及每个参与者的 D 分数的方差。计算 D 之后,在任何计算中都不使用广告前后的分数。

	A	B	C	D	E	F	G	H
1	Pre	Post	Difference Score					
2	2	5	3	=B2 - A2				
3	2	4	2	=B3 - A3				
4	4	5	1	=B4 - A4				
5	1	5	4	=B5 - A5		$M_D =$	2.85	=average(C2:C14)
6	3	5	2	=B6 - A6		$S_D^2 =$	1.31	=var.s(C2:C14)
7	1	5	4	=B7 - A7		$S_{MD} =$	0.32	=SQRT(G6/13)
8	1	5	4	=B8 - A8				
9	1	4	3	=B9 - A9				
10	1	3	2	=B10 - A10		$t =$	8.97	=G5/G7
11	3	4	1	=B11 - A11		df =	12	=COUNT(C2:C14)-1
12	2	5	3	=B12 - A12		probability of t =	0.000	=T.TEST(A2:A14,B2:B14, 2,1)
13	1	5	4	=B13 - A13				
14	1	5	4	=B14 - A14				

步骤 5：计算 S_{M_D} 的值。使用公式 4.8 计算 S_{M_D} 的值：

$$S_{M_D} = \sqrt{\frac{1.31}{13}} = 0.32$$

请注意，由于每个参与者都完成了广告前后的调查，所以 n_D 与样本中参与者的数量相同。在组内设计中常见的是有一些损耗，特别是持续了很长一段时间的研究。在这种情况下，只有完成两个测量点的参与者才能纳入计算中。

步骤 6：计算 $t_{obtained}$ 的值。t 检验用公式 4.7 计算：

$$t_{obtained} = \frac{2.85 - 0}{0.32} = 8.97$$

请注意，μ_D 的值来自零假设中指定的值（0）。

步骤 7：确定与 $t_{obtained}$ 相关的概率。与 $t = |\,8.97\,|$ 相关联的概率 < 0.001。这可以使用统计程序中的确切概率来确定，或使用临界值 2.179 来确定，它是与 $df = 12$ 相关联的 t 值，概率为 0.05。可以在 Excel 中使用"t.test"函数：=t.test（来自在线条件的数据，来自现场条件的数据，2，1）完成，其中公式中的"2"表示尾数检验（双尾），公式中的"1"表示 t 检验的类型（配对）。

步骤 8：做出拒绝或不拒绝零假设的决策。根据给定的检验结果，拒绝零假设。

步骤 9：解释决策。Piranha 应考虑对所有客户一起实施广告。在广告宣传后，客户对新的环保家居清洁用品的认识有了显著提高。

4.2.3 单因素独立方差分析

当研究的设计是组间设计（参见第 3 章）且对两个以上的自变量的条件或维度进行比较时，使用定距或定比测量尺度对因变量进行测量，并可满足参数检验的假设，则使用单因素独立方差分析是适当的。在这种性质的研究中,研究者至少使用三个样本(以下简称为分组)来代表至少三个总体,并采用定量分析来确定总体之间是否存在至少一个显著性差异。最后,用事后检验确定显著性差异的确切性质。

这种分析的零假设是,k 个总体之间没有显著差异:

$$H_0 : \mu_1 = \mu_2 = \mu_3 = \cdots = \mu_k$$

如果结果具有统计学意义,则拒绝零假设,并得出结论,至少有一项比较证明总体平均差与零有显著差异。否则,不能拒绝零假设,并得出结论,没有足够的证据表明总体的平均差与零有显著差异。该检验被称为综合检验(omnibus test),因为它表明存在差异,而不是特定的比较。方差分析使用 F 分布来确定与观察到的检验结果相关的概率。

单因素独立方差分析的公式为:

$$F = \frac{MS_{between}}{MS_{within}} \tag{4.10}$$

$$MS_{between} = \frac{\sum n_i * (M_i - M_G)^2}{k - 1} \tag{4.11}$$

$$MS_{within} = \frac{\sum s_i^2}{k} \tag{4.12}$$

其中 $MS_{between}$ 是组间的均方(平均方差),MS_{within} 是每组中的均方(平均方差),n_i 是给定组 i 的样本大小,M_i 是给定组 i 的平均值,M_G 是研究中所有参与者的总体平均值(所有组合),k 是组的数量,s_i^2 是给定组 i 的方差。请注意,项目组与研究中的条件或自变量的维度是相同的。公式为 $df_{between} = k - 1$ 和 $df_{within} = n_T - k$,其中 n_T 是所有组的总样本量。

在零假设被拒绝的情况下,要进行事后检验以确定显著差异的所在(即组 1 是与其他所有组不同,还是仅与组 2 不同)。有许多类型的事后检验具有不同的优点和缺点。例如图基检验(Tukey-Kramer)、布朗—福赛特检验(Brown-Fosythe)、Sheffe 检验、邓肯氏复极差测验法(Duncan's Multiple Range test)、纽曼—科伊尔斯(Newman-Keuls test)检验和图基可靠显著性差异检验(Honestly Significant Difference test)(HSD)[参见 Winer 等人(1991)关于事后检验的完整讨论]。这些检验之间的一个主要区别在于它们的保守性水平（即拒绝零假设的可能性）。进行事后检验的过程首先是计算事后检验值。将该值与各组之间的平均差的绝对值进行比较。对于每个比较，如果平均差超过检验值，则认为这些组在统计学上有显著差异。如果平均差小于检验值，则组间差异不显著。当总体 F 很重要时，至少有一个事后比较是重要的。Tukey 的 HSD 检验考虑得更加详细，因为它是一个常用且更保守的事后检验。Tukey 的 HSD 公式为：

$$HSD = q * \sqrt{\frac{MS_{within}}{n_i}} \qquad (4.13)$$

其中 q 可以通过使用大多数统计教科书和互联网上的 q 关键表找到，需要 k 值和 df_{within}（即 $n_T - k$）。在各组之间 n_i 不相同的情况下，必须使用以下公式计算调和平均数：

$$n = \frac{k}{\frac{1}{n_1} + \frac{1}{n_2} + \frac{1}{n_3} + \cdots + \frac{1}{n_k}} \qquad (4.14)$$

计算单因素独立方差分析的步骤总结在表 4.5 中。

表 4.5　计算单因素独立方差分析的步骤

1. 陈述零假设。
2. 计算每组的 M 值。
3. 计算 M_G。
4. 计算 $MS_{between}$。
5. 计算每组的 s^2。
6. 计算 MS_{within}。
7. 计算 $F_{obtained}$。
8. 确定与 $F_{obtained}$ 相关的概率。
9. 做出拒绝或不拒绝零假设的决策。
10. 在零假设被拒绝的情况下，决定使用哪一种事后检验。
11. 使用 Tukey 的 HSD 检验时，定位 q 值。
12. 计算 Tukey 的 HSD 值。
13. 将 HSD 值与每组之间的平均差的绝对值进行比较。
14. 解释结果。

例 4.8　进行单因素独立方差分析

Kite 公司希望改善客户服务体验。该公司设计了两个培训项目，以帮助客户服务代表提高客户满意度。其中一个培训项目是完全在线的，另一个培训项目是现场培训。公司想知道培训项目与没有培训的组（即对照组）相比是否是有效的。为了测试这个问题，40 名客户服务人员接受了现场培训，两周后记录了他们的客户服务成绩。一批 36 名的员工进行了在线培训。他们的客户服务评分也被记录在案。对照组由 38 名员工组成，不接受任何培训。客户服务评分基于客户报告，评级为 10 分，10 分表示最高水平的服务。接受现场培训的参与者样本的平均客户服务评分为 7.50，方差为 1.25，接受在线培训的参与者的平均客户服务评分为 7.25，方差为 1.75，对照组平均客户服务评分为 6.80，方差为 1.00。

步骤 1：陈述零假设。 零假设是三个总体之间没有显著性差异：

$$H_0 : \mu_{现场培训} = \mu_{在线培训} = \mu_{对照组}$$

回想一下，零假设关注的是总体层面，但我们使用样本来检验假设，然后对总体进行推断。

步骤 2：计算每组的 M 值。 我们不需要计算它们，因为它们是给定的：7.5，7.25 和 6.80。在许多情况下，可以从样本中提取原始数据，然后使用公式 4.2 中给出的公式和 Excel 中的"average"函数计算平均值。

步骤 3：计算 M_G。 有多种方法计算 M_G。如果给出了原始数据，可以简单地对所有值求和，并除以总数 N。如果只给出各组平均值而不是原始数据，则与本例中的情况一样，必须使用加权平均值计算总体平均值。平均值用样本进行加权。请注意，如果每组的样本大小相同，则可以计算平均值的简单平均数。可以在 Excel 中通过手动输入加权平均数的公式来完成：

$$M_G = \frac{40 * 7.50 + 36 * 7.25 + 38 * 6.80}{40 + 36 + 38} = 7.19$$

（续表）

	A	B	C	D	E	F	G
1		Control		Online		In-person	
2		$M =$ 6.80	$M =$	7.25	$M =$	7.50	
3		$S^2 =$ 1.00	$S^2 =$	1.75	$S^2 =$	1.25	
4		$N =$ 38	$N =$	36	$N =$	40	
5							
6	Grand mean =	7.19	=((B2*B4)+(D2*D4)+(F2*F4))/(B4+D4+F4)				
7							
8	MS Between =	4.88	=((B4*(B2-B8)^2)+(D4*(D2-B8)^2)+(F4*(F2-B8)^2))/(F13-1)				
9	MS Within =	1.33	=(SUM(B3,D3,F3)/(F13))				
10	F for training =	3.66	=B8/B9				
11	Probability of F =	0.03	=F.DIST.RT(B10,F14,F15)				
12							
13	$q =$	3.36			k =	3.00	
14	HSD =	0.63	=B13*(SQRT(B9/F16))		df between =	2.00	=F13-1
15					df within =	111.00	=(SUM(B4,D4,F4)-F13)
16	$M_{in person} - M_{online} =$	0.25	=ABS(F2-D2)		Harmonic Mean =	37.93	=(F13/((1/B4)+(1/D4)+(1/F4)))
17	$M_{in person} - M_{control} =$	0.70	=ABS(F2-B2)				
18	$M_{online} - M_{control} =$	0.45	=ABS(D2-B2)				
19							

步骤 4：计算 $MS_{between}$。 接下来使用公式 4.11 计算 $MS_{between}$ 的值。可以在 Excel 中通过手动输入公式 4.11 完成。

$$MS_{between} = \frac{38 * (6.80 - 7.19)^2 + 36 * (7.25 - 7.19)^2 + 40 * (7.50 - 7.19)^2}{2}$$
$$= 4.88$$

步骤 5：计算每组的 s^2。 我们不需要计算它们，因为它们是给定的：1.25，1.75 和 1.00。这些是使用公式 4.3 或可以在 Excel 中使用"var.s"函数：=var.s（现场培训）；=var.s（在线培训）；=var.s（对照组）进行计算。

步骤 6：计算 MS_{within}。 可以在 Excel 中手动输入公式 4.12 计算 MS_{within} 的值：

$$MS_{within} = \frac{1.25 + 1.75 + 1}{3} = 1.33$$

步骤 7：计算 $F_{obtained}$。 使用公式 4.10 计算 F 的值。可以在 Excel 中通过手动输入公式 4.10 完成：

$$F = \frac{4.88}{1.33} = 3.66$$

（续表）

步骤 8：确定与 $F_{obtained}$ 相关的概率。 与 $F=3.66$ 相关的概率为 0.03。这可以使用统计程序中的确切概率来确定，或者使用临界值 3.08 来确定，它是与 $df=2$ 和 $df=111$ 相关的 F 值，概率为 0.05。这是通过在 Excel 中使用"f.dist.rt"函数：$=\mathrm{f.dist.rt}(F\ 值, df_{between}, df_{within})$ 完成的。

步骤 9：做出拒绝或不拒绝零假设的决策。 根据结果，拒绝零假设。各组间至少有一个差异。

步骤 10：在零假设被拒绝的情况下，决定使用哪一种事后检验。 在本例中，我们展示了 Tukey 的 HSD 检验的结果。

步骤 11：使用 Tukey 的 HSD 检验时，定位 q 值。 人们可以使用在大多数统计教科书和互联网上的 q 关键表找到到 q 的值。在这种情况下，由于 $k=3$，$df_{within}=111$，$\alpha=0.05$，则 $q=3.36$。

步骤 12：计算 Tukey 的 HSD 值。 使用前面步骤的值，调和平均数可以使用公式 4.14 计算。接下来，可以使用公式 4.13 计算 HSD。可以在 Excel 中通过公式 4.13 和公式 4.14 手动计算完成：

$$n = \frac{3}{\frac{1}{40} + \frac{1}{36} + \frac{1}{38}} = 37.93$$

$$HSD = 3.36 * \sqrt{\frac{1.33}{37.93}} = 0.63$$

步骤 13：将 HSD 值与每组之间的平均差的绝对值进行比较。 接下来，进行每个可能的比较。这些公式必须使用减法和绝对值（"abs"）函数 $=\mathrm{abs}$（现场培训均值—在线培训均值）等手动输入到 Excel 中：

$$M_{现场培训} - M_{在线培训} = 7.50 - 7.25 = 0.25$$

$|0.25| < 0.63$，因此，这两组之间无统计显著性差异：

$$M_{现场培训} - M_{对照组} = 7.50 - 6.80 = 0.70$$

$|0.70| > 0.63$，因此这两组有统计显著性差异：

$$M_{在线培训} - M_{对照组} = 7.25 - 6.80 = 0.45$$

$|0.45| < 0.63$，因此这两组之间无统计显著性差异。

步骤14：解释结果。现场培训条件的参与者，与对照组的参与者相比，客户服务成绩明显高于对方；然而，在线培训的参与者与现场培训的参与者的个体成绩没有显著性差异。在线培训和对照组之间也没有显著性差异。组织应考虑实施现场培训，因为它显著提高了客户服务成绩。

4.2.4 单因素重复测量方差分析

当研究的设计是组内设计，并且比较两个以上的自变量的条件或水平，同时使用定距或定比尺度测量因变量时，单因素重复测量方差分析是合适的。除了参数检验的假设之外，该检验还存在球形假设，这意味着重复测量的方差是相等的，并且重复测量之间的相关性是相等的。如果违反了这一假设，仍然可以进行检验，但需要对下列公式进行某些调整。

在这种性质的研究中，研究人员关注自变量的至少三个条件，但使用与所有条件相关的参与者的单一样本来检验这些条件。从这个意义上来说，每个参与者都充当自己的对照组。重复测量方差分析的重点是确定样本代表的总体之间是否存在至少一个显著差异。事后检验用于确定显著性差异的确切性质。请注意，只有在研究中符合所有条件的参与者才能被纳入分析。缺少数据的参与者应被排除在外。

零假设是 k 个总体之间没有显著差异：

$$H_0 : \mu_1 = \mu_2 = \mu_3 = \cdots = \mu_k$$

如果结果具有统计学意义，则拒绝零假设，并得出结论：总体均值之间至少存在一个差异。否则，不能拒绝零假设，并得出结论，没有足够的证据表明总体均值之间至少有一个差异。单因素重复测量方差分析使用 F 分布来确定与观察到的检验结果相关的概率。

在概念上,单因素重复测量方差分析与单因素独立方差分析相似。该公式计算了测量周期之间的平均方差与每个测量周期内的平均方差之比。该比值的分子与单因素独立方差分析的公式中的分子相同,区别在于分母。

重复测量方差分析公式的分母包含的标记为"残差方差"而不是"组内方差"。计算残差方差的公式包括计算组内方差,然后减去"组间方差"。剩下的是残差方差(考虑"残差"术语的含义,它意味着是残余的)。在重复测量方差分析中采取额外的步骤是很重要的,因为每个测量点都包含相同的参与者或受试者。因此,在测量点之间,每组中的方差部分将是不变的(即,在时间 1 的领导力评估中得分最高的人可能也处在时间 2 和时间 3 的分布的顶部)。F 统计量仅涉及随机且非系统的错误(即条件一致),所以必须从公式中减去归因于受试者的系统方差。一旦完成,单因素重复测量方差分析的解释与独立方差分析的解释相似。单因素重复测量方差分析的公式为:

$$F = \frac{MS_{between}}{MS_{residual}} \tag{4.15}$$

$$MS_{between} = \frac{\sum n_{subjects} * (M_i - M_G)^2}{k - 1} \tag{4.16}$$

$$MS_{residual} = \frac{(n_{subjects} - 1) * (\sum s_i^2) - k * \left[\sum (M_{subject} - M_G)^2\right]}{(n_{subjects} - 1) * (k - 1)}$$

$$\tag{4.17}$$

其中 $MS_{between}$ 是组间的均方(平均方差),$MS_{residual}$ 是每个组中的均方(平均方差),其中方差与每个个体的差异相关,$n_{subjects}$ 是研究中的参与者的数量,M_i 是给定条件 i 均值,M_G 是研究中所有参与者的总体均值(所有条件组合),k 是组的数量,s_i^2 是给定组 i 的方差,$M_{subject}$ 是所有条件下参与者的平均分数。公式为 $df_{between} = k - 1$ 和 $df_{residual} = (n_{subjects} - 1) * (k - 1)$。

在零假设被拒绝的情况下,通常进行事后检验以精确确定显著差异的位置(即,时间 1 是与所有其他时间点不同还是仅与时间 2 不同)。正如所讨论的,事后检验有许多类型,本章将重点介绍 Tukey 的 HSD 检验:

$$HSD = q * \sqrt{\frac{MS_{residual}}{n_i}} \qquad (4.18)$$

计算单因素重复测量方差分析的步骤总结在表 4.6 中。

表 4.6　计算单因素重复方差分析的步骤

1. 陈述零假设。
2. 计算每组的 M 值。
3. 计算 M_G。
4. 计算 $MS_{between}$。
5. 计算每组的 s^2。
6. 计算每个参与者的 $MS_{subject}$。
7. 计算 $MS_{residual}$。
8. 计算 $F_{obtained}$。
9. 确定与 $F_{obtained}$ 相关的概率。
10. 做出拒绝或不拒绝零假设的决策。
11. 在零假设被拒绝的情况下,决定使用哪一种事后检验。
12. 使用 Tukey 的 HSD 检验时,定位 q 值。
13. 计算 Tukey 的 HSD 值。
14. 将 HSD 值与每组之间的平均差的绝对值进行比较。
15. 解释结果。

例 4.9　进行重复测量方差分析

Piranha 品牌有意跟踪三个品牌的家用清洁产品的客户满意度。该公司向 10 位客户免费提供"超强度"家用清洁用品样品,并向客户发送有关他们对超强度产品的满意度调查。两周后,Piranha 从环保型产品线向同一组 10 位顾客发送了第二个品牌的清洁产品。要求就客户对环保产品的满意度进行评分。最后,两个星期后,这 10 位客户收到了第三批样品,一种新的无味清洁产品。客户也对该产品的满意度进行评分。总之,10 位客户尝试了三种不同的清洁产品,并评价了他们对每种产品的满意度,满意度分数从 1 到 100。Piranha 正在考虑根据客户的偏好从市场上移除三种品牌中的一种。使用客户满意度评分,他们将确定是否存在一种相比其他产品使消费者更不满意的产品。

注意:为了说明目的,在该示例中使用样本大小为 10 的小样本。我们建议在实际进行研究时使用较大的样本。

步骤 1:陈述零假设。零假设是三个总体之间没有显著性差异:

$$H_0: \mu_{超强度产品} = \mu_{环保产品} = \mu_{无味清洁产品}$$

回想一下,尽管零假设关注的是总体层面,但我们使用样本数据来检验假设,并对总体进行推断。

步骤 2:计算每组的 M 值。使用公式 4.2 或 Excel 中的"average"函数进行计算。$M_{超强度产品} = 66.40$,$M_{环保产品} = 77.30$,$M_{无味清洁产品} = 74.30$。

步骤 3:计算 M_G。通过这种设计,每个组的样本大小始终是相同的。因此,可以通过把每个条件下的 M 值相加并除以条件数来计算 M_G。或者,可以通过将所有数据点相加并除以数据点的数量来计算。在 Excel 中使用"average"函数 $=$ average(所有评级)进行计算:

$$M_G = \frac{66.4 + 77.3 + 74.3}{3} = 72.67$$

步骤 4:计算 $MS_{between}$。使用公式 4.16 计算 $MS_{between}$。这是在 Excel 中通过手动输入公式 4.16 计算的:

$$MS_{between} = \frac{10 * (66.4 - 72.7)^2 + 10 * (77.3 - 72.7)^2 + 10 * (74.3 - 72.7)^2}{2}$$

$$= 317.03$$

Customer ID	Extra Strength	Environmentally Sustainable	Odourless	$M_{subject}$	
1	50	79	71	66.67	=average(C2:G2)
2	43	92	88	74.33	=average(C3:G3)
3	62	69	63	64.67	=average(C4:G4)
4	58	65	60	61.00	=average(C5:G5)
5	60	59	57	58.67	=average(C6:G6)
6	62	79	69	70.00	=average(C7:G7)
7	78	87	85	83.33	=average(C8:G8)
8	92	84	93	89.67	=average(C9:G9)
9	81	81	79	80.33	=average(C10:G10)
10	78	78	78	78.00	=average(C11:G11)

	$M_{Extra\ Strength}$ = 66.40	$M_{Environ\ Sustain}$ = 77.30	$M_{Odourless}$ = 74.30	
	=average(C2:C11)	=average(E2:E11)	=average(G2:G11)	
	$S^2_{Extra\ Strength}$ = 233.82	$S^2_{Environ\ Sustain}$ = 103.34	$S^2_{Odourless}$ = 150.90	
	=var.s(C2:C11)	=var.s(E2:E11)	=var.s(G2:G11)	
N=	10	k=	3	
df between=	2	=E18-1	df resid= 18	=(B18-1)*(E18-1)

	A	B	C
	Grand Mean =	72.67	=average(C2:G11)
	MS Between=	317.03	=((B18*(C12-B21)^2)+(B18*(E12-B21)^2) + (B18*(G12-B21)^2)) /2
	MS Residual =	88.70	=(((B18-1)*(C15+E15+G15))-(((I2-B21)^2+(I3-B21)^2+(I4-B21)^2+(I5-B21)^2+(I6-B21)^2 +(I7-B21)^2+(I8-B21)^2+(I9-B21)^2+(I10-B21)^2+(I11-B21)^2)*E18))/((B18-1)*(E18-1-1))
	F =	3.57	=B22/B23
	Probability of F =	0.049	=F.DIST.RT(B24,B19,E19)
	q =	3.61	
	HSD =	10.75	=B27*(SQRT((B23/B18)))
$M_{extra\ strength}$ – $M_{environmentally\ sustainable}$ =		10.90	=ABS(C12-E12)
$M_{extra\ strength}$ – $M_{odourless}$ =		7.90	=ABS(C12-G12)
$M_{environmentally\ sustainable}$ – $M_{odourless}$ =		3.00	=ABS(E12-G12)

步骤 5：计算每组的 s^2。 使用公式 4.3 或可以在 Excel 中使用 "vars" 函数 =variance（超强度产品的评分）；=variance（环保产品评分）；=variance（无味清洁产品评分）。$S^2_{超强度产品} = 233.82$，$S^2_{环保产品} = 103.34$，$S^2_{无味清洁产品} = 150.90$。

步骤 6：计算每个参与者的 $MS_{subject}$。 通过使用公式 4.2 计算每个参与者在各个条件下的平均分数来计算 $MS_{subject}$。将这些值列在 Excel 截图中的 $MS_{subject}$ 列中。这是在 Excel 中使用 "average" 函数 =average（客户 1 评分）；=average（客户 2 评分）；=average（客户 3 评分）等计算的。

步骤 7：计算 $MS_{residual}$。 使用公式 4.17 计算 $MS_{residual}$。这是在 Excel 中通过手动输入公式 4.17 计算的：

$$\sum s_i^2 = 233.82 + 103.34 + 150.90 = 488.07$$

$$\sum (M_{subject} - M_G)^2 = (66.67 - 72.67)^2 + (74.33 - 72.67)^2 +$$

$$(64.67 - 72.67)^2 + (61.00 - 72.67)^2 +$$
$$(58.67 - 72.67)^2 + (70.00 - 72.67)^2 +$$
$$(83.33 - 72.67)^2 + (89.67 - 72.67)^2 +$$
$$(80.33 - 72.67)^2 + (7.80 - 72.67)^2 = 932$$

$$MS_{residual} = \frac{9 * 488.07 - 3 * 932}{9 * 2} = 88.70$$

步骤 8：计算 $F_{obtained}$。 使用公式 4.15 计算 $F_{obtained}$。这是在 Excel 中通过手动输入公式 4.15 计算完成的：

$$F = \frac{317.03}{88.7} = 3.57$$

步骤 9：确定与 $F_{obtained}$ 相关的概率。 与 $F = 3.57$ 相关的概率为 0.049。这可以使用统计程序中的确切概率来确定，或者使用临界值 3.55 来确定，它是与 df 为 2 和 18 相关联的 F 值，概率为 0.05。这是在 Excel 中使用 "f. dist. rt" 函数 = f. dist. rt（F 值，$df_{between}$, $df_{residual}$）计算的。

步骤 10：做出拒绝或不拒绝零假设的决策。 在这种情况下，拒绝零假设。组间至少有一个差异。

步骤 11：在零假设被拒绝的情况下，决定使用哪一种事后检验。 在这个例子中，我们展示了 Tukey 的 HSD 检验的结果。

步骤 12：如果使用 Tukey 的 HSD，定位 q 值。 人们可以使用在大多数统计教科书和互联网上找到的 q 关键表找到 q 的值。由于 k 为 3，$df_{residual}$ 为 18，α 为 0.05，q 为 3.61。

步骤 13：计算 Tukey 的 HSD 值。 HSD 可以使用公式 4.18 计算。该公式必须使用公式 4.18 手动输入 Excel 计算：

$$HSD = 3.61 * \sqrt{\frac{88.70}{10}} = 10.75$$

步骤 14：将 HSD 值与每组之间的平均差的绝对值进行比较。 接下来,进行每个可能的比较。这些公式必须使用减法和绝对值("abs")函数＝abs(超强度产品的平均值—环保产品的平均值)等手动输入到 Excel 中:

$$M_{超强度产品} - M_{环保产品} = 66.40 - 77.30 = -10.90$$

$|-10.90| > 10.75$,因此这两组有统计显著性差异。

$$M_{超强度产品} - M_{无味清洁产品} = 66.40 - 74.30 = -7.90$$

$|-7.90| < 10.75$,因此,这两组彼此之间无统计显著性差异。

$$M_{环保产品} - M_{无味清洁产品} = 77.30 - 74.30 = 3.00$$

$|3.00| < 10.75$,因此这两组无统计显著性差异。

步骤 15:解释结果。环保产品的客户满意度评分统计显著性高于超强度产品。在环保和无味产品之间没有显著性差异,或超强度和无味产品的满意度评分没有显著性差异。根据这些数据,Piranha 可以考虑推广环保型产品。

4.2.5 双因素方差分析

研究人员通常有兴趣同时研究两个自变量对因变量的影响。当使用独立样本(即组间设计)评估两个自变量时,因变量的度量标准是定距或定比尺度,并且满足参数检验的假设时,应使用双因素独立样本方差分析。请注意,无论每个自变量的条件数量如何,都使用此检验。双因素独立样本方差检验允许研究人员分别检查每个自变量对因变量的影响(被称为主效应),并检查两个自变量如何相互作用从而影响因变量。事后检验和图表用于确定显著性差异的确切性质。

对于双因素独立样本方差分析有三个单独的零假设:(1)表示自变量 A 的 k 级别的 k 个总体之间没有显著性差异;(2)表示自变量 B 的 k 级别的 k 个总体之间没有显著性差异;(3)自变量 A 与自变量 B 之间

没有明显的交互效应。总体中处理条件之间的平均差可以通过两个自变量的主效应来解释：

$$H_0 : \mu_{A1} = \mu_{A2} = \mu_{A3} = \cdots = \mu_{Ak}$$
$$H_0 : \mu_{B1} = \mu_{B2} = \mu_{B3} = \cdots = \mu_{Bk}$$

涉及交互效应的假设传统上以文本或图形的形式描述，而不是符号表示法。

如果分析具有统计显著性差异，则拒绝零假设，并得出以下结论：(1)代表自变量 A 的不同级别的总体均值之间至少有一个差异；(2)并且/或者自变量 B 也如此；(3)并且/或者 A 和 B 之间存在显著的交互效应。否则，不能拒绝零假设，并得出结论，没有足够的证据表明存在以下情况：(1)代表自变量 A 的不同级别的总体均值之间至少有一个差异；(2)并且/或者自变量 B 也如此；(3)并且/或者 A 和 B 之间存在显著的交互效应。双因素独立样本 ANOVA 使用 F 分布来确定与观察到的检验结果相关的概率。

平衡双因素独立样本方差分析（即每个条件下的样本大小相等）的公式为：

$$F_A = \frac{MS_{between\ for\ A}}{MS_{within}} \tag{4.19}$$

$$MS_{between\ for\ A} = \frac{\sum n_{i\ of\ A} * (M_{i\ of\ A} - M_G)^2}{k_A - 1} \tag{4.20}$$

$$F_B = \frac{MS_{between\ for\ B}}{MS_{within}} \tag{4.21}$$

$$MS_{between\ for\ B} = \frac{\sum n_{i\ of\ B} * (M_{i\ of\ B} - M_G)^2}{k_B - 1} \tag{4.22}$$

$$F_{A \times B} = \frac{MS_{between\ for\ A \times B}}{MS_{within}} \tag{4.23}$$

$$MS_{between\ for\ A \times B} =$$
$$\frac{\left[\sum n_i * (M_i - M_G)^2\right] - \left[\sum n_{i\ of\ A} * (M_{i\ of\ A} - M_G)^2\right] - \left[\sum n_{i\ of\ B} * (M_{i\ of\ B} - M_G)^2\right]}{(k_A - 1) * (k_B - 1)}$$

$$\tag{4.24}$$

$$MS_{within} = \frac{\sum s_i^2}{k} \tag{4.25}$$

其中 $MS_{between\ for\ A}$ 为自变量 A 的组间均方（平均方差），$MS_{between\ for\ B}$ 为自变量 B 的组间均方（平均方差），$MS_{between\ for\ A \times B}$ 为自变量 A 和自变量 B 之间的交互效应的组间均方（平均方差），MS_{within} 是每个条件内的均方（平均方差），n_i 是研究中每个条件的样本大小，$n_{i\ of\ A}$ 是自变量 A 的每个条件下的样本大小，$n_{i\ of\ B}$ 为自变量 B 的每个条件下的样本大小，M_i 为单个条件下的平均值，$M_{i\ of\ A}$ 为自变量 A 的单个条件下的平均值，$M_{i\ of\ B}$ 为自变量 B 的单一条件下的平均值，M_G 是研究中所有参与者的总体平均值（所有条件组合），k 是研究中条件（或单元）的数量，k_A 是自变量 A 的条件数，k_B 是自变量 B 的条件数，s_i^2 是给定条件 i 的方差。请注意，该公式只能在研究中的每个条件具有相同数量的参与者的情况下使用。当组的大小不同（即不平衡）时，必须对公式进行微调。为了简洁起见，我们只提供这个公式。用于计算自由度的公式是 $df_{between\ for\ A} = k_A - 1$，$df_{between\ for\ B} = k_B - 1$，$df_{between\ for\ A \times B} = (k_A - 1) * (k_B - 1)$，$df_{within} = n_T - k$，其中 n_T 为所有条件下的总样本量。在自变量 A 和自变量 B 的主效应拒绝零假设的情况下，进行事后检验可以确定显著性差异的确切位置（即，组 1 是与所有其他组不同，还是仅与第 2 组不同）。在双因素方差分析中进行事后检验的过程与单因素独立样本方差分析描述的过程相似。唯一的区别是它要进行两次单独的事后检验，每个自变量各进行一次。继续 Tukey 的 HSD，公式变成：

$$HSD = q * \sqrt{\frac{MS_{within}}{n_{iA}}} \tag{4.26}$$

$$HSD = q * \sqrt{\frac{MS_{within}}{n_{iB}}} \tag{4.27}$$

可以通过使用大多数统计教科书和互联网上的 q 关键表找到 q，这些表需要 k_A 或 k_B 的值（取决于正在进行事后检验的主效应），$df_{within} = N_T - k_A$ 或 $N_T - k_B$。n_{iA} 和 n_{iB} 分别是指符合自变量 A 和 B 的单一条件的参与者人数。请注意，用于 HSD 的 df_{within} 与用于整体 F 检验的 df_{within} 不同，后者包含两个自变量。

计算双因素独立方差分析的步骤总结在表 4.7 中。

表 4.7　计算双因素独立方差分析的步骤

因为有三个零假设,因此被分为三次迭代。在开始分析之前,应将一个自变量指定为 A,另一个自变量指定为 B。

1. 陈述自变量 A 的主效应的零假设。

2. 确定 $n_{i\,of\,A}$。

3. 计算 $M_{i\,of\,A}$。

4. 计算 M_G。

5. 确定 k_A。

6. 计算 $MS_{between\,for\,A}$。

7. 计算研究中每个条件的 s^2(不要在自变量 A 的条件下迭代,要计算研究中两个自变量的每个特定条件下的 s^2)。

8. 计算 MS_{within}。

9. 计算 $F_{A\,obtained}$。

10. 确定与 $F_{A\,obtained}$ 相关的概率。

11. 做出拒绝或不拒绝零假设的决策。

12. 在零假设被拒绝的情况下,决定使用哪一种事后检验。

13. 如果使用 Tukey 的 HSD 检验,定位 q 值。

14. 计算 Tukey 的 HSD 值。

15. 将 HSD 值与每组之间的平均差的绝对值进行比较。

16. 根据自变量 A 的零假设解释结果。

17. 陈述自变量 B 的主效应的零假设。

18. 按照自变量 B 执行步骤 2 至步骤 16。

19. 陈述自变量 A 和 B 的交互效应的零假设。

20. 确定 n_i。

21. 计算 M_i。

22. 请参照先前的步骤 4 中计算的 M_G。

23. 计算 $\sum n_i * (M_i - M_G)^2$。

24. 计算 $MS_{between\,for\,A\times B}$,注意,$\sum n_{i\,of\,A} * (M_{i\,of\,A} - M_G)^2$ 和 $\sum n_{i\,of\,B} * (M_{i\,of\,B} - M_G)^2$ 可以从先前的计算中检索($MS_{between\,for\,A}$ 和 $MS_{between\,for\,B}$ 的分子)。

25. 请参照先前在步骤 8 中计算的 MS_{within}。

26. 计算 $F_{A\times B\,obtained}$。

27. 确定与 $F_{A\times B\,obtained}$ 相关的概率。

28. 做出决定拒绝或不拒绝零假设的决策。

29. 在零假设被拒绝的情况下,绘制图上每个条件下的平均值以解释交互效应的性质。

例 4.10 进行双因素独立方差分析

Kite 公司希望改善客户服务体验。该公司设计了两个培训项目,以帮助客户服务代表提高客户满意度。其中一个培训项目是完全在线的,另一个是现场培训。该公司想知道培训项目与没有培训的组(即对照组)相比是否是有效的。为了测试这个问题,20 名客户服务人员接受了现场培训,两周后记录了其客户服务成绩。一批 20 名的员工进行在线培训。他们的客户服务评分也被记录在案。客户服务评分为 10 分,10 分表示最高水平的服务,并结合客户提供的报告。对照组由 20 名不经过培训的员工组成。除了了解培训项目的有效性外,Kite 公司还想知道培训项目对于男女员工的效果是否相似。

步骤 1:陈述自变量 A(培训项目类型)的主效应的零假设。零假设是三者总体的客户服务得分没有显著性差异:

$$H_0:\mu_{现场培训}=\mu_{在线培训}=\mu_{对照组}$$

回想一下,尽管零假设关注的是总体层面,但我们使用样本数据来检验假设,并对总体进行推断。

步骤 2:确定 $n_{i\,of\,A}$。这是指接受培训的每个条件下的参与者人数:每个条件下的数量为 20(20 个参与者在对照组,20 个参与者是在线培训,20 个参与者是现场培训)。

步骤 3:计算计算 $M_{i\,of\,A}$。这是指每个维度的培训的自变量的平均值。可以使用公式 4.2 计算。因为我们只有每个分解条件的均值,我们必须在男性员工和女性员工之间分解,以找出每个条件的总体平均值。这可以在 Excel 中使用"average"函数=average(对照组均值);=average(在线培训均值);=average(现场培训均值):

$$M_{对照组}=\frac{6.80+6.75}{2}=6.78$$

$$M_{在线培训}=\frac{7.11+7.95}{2}=7.53$$

$$M_{现场培训}=\frac{7.50+7.49}{2}=7.50$$

（续表）

步骤 4：计算 M_G。它是所有数据的均值。它可以使用公式 4.2 进行计算。同样，由于所有条件下的样本大小相同，因此可以计算平均值的简单平均数。在样本量不同的情况下，则有必要使用每组的样本量对其各自的平均值进行加权平均。这可以在 Excel 中使用"average"函数＝average(所有均值)：

$$M_G = \frac{6.80 + 7.11 + 7.50 + 6.75 + 7.95 + 7.49}{6} = 7.27$$

		Control		Online		In-person			
Male	$M=$	6.80	$M=$	7.11	$M=$	7.50	M_{males}	7.14	=AVERAGE(C2,E2,G2)
	$S^2=$	0.22	$S^2=$	0.60	$S^2=$	0.38	$N=$	30	=SUM(C4,E4,G4)
	$N=$	10	$N=$	10	$N=$	10			
Female	$M=$	6.75	$M=$	7.95	$M=$	7.49	$M_{females}$	7.40	=AVERAGE(C5,E5,G5)
	$S^2=$	0.38	$S^2=$	0.47	$S^2=$	0.32	$N=$	30	=SUM(C7,E7,G7)
	$N=$	10	$N=$	10	$N=$	10			
	$M_{control}=$	6.78	$M_{online}=$	7.53	$M_{in-person}=$	7.50			
	=AVERAGE(C2,C5)		=AVERAGE(E2,E5)		=AVERAGE(G2,G5)				
$N=$	20		20		20				
	=SUM(C4,C7)		=SUM(E4,E7)		=SUM(G4,G7)				
k_{Gender}	2	df between for gender	1	=B14-1					
$k_{training}$	3	df between for training	2	=B15-1					
k_{Total}	6	df within for condition	54	=(SUM(C4,C7,E4,E7,G4,G7))-B16					
		df interaction	2	=(B14-1)*(B15-1)					

	A	B	C
21	Grand mean =	7.27	=AVERAGE(C2,C5,E2,E5,G2,G5)
22	MS Within =	0.40	=(SUM(C3,C6,E3,E6,G3,G6))/B16
24	MS Between training	3.63	=((C11*(C9-B21)^2)+(E11*(E9-B21)^2)+(G11*(G9-B21)^2))/(B15-1)
25	F for training =	9.20	=B24/B22
26	Probability of F =	0.000	=F.DIST.RT(B25,E15,E16)
28	MS Between gender=	1.01	=((I3*(I2-B21)^2)+(I6*(I5-B21)^2))/(B14-1)
29	F for gender =	2.57	=B28/B22
30	Probability of F =	0.115	=F.DIST.RT(B29,E14,E16)
33	MS between interaction =	1.26	=(((C4*(C2-B21)^2)+(E4*(E2-B21)^2)+(G4*(G2-B21)^2)+(C7*(C5-B21)^2)+(E7*(E5-B21)^2)+(G7*(G5-B21)^2))-(((C11*(C9-B21)^2)+(E11*(E9-B21)^2)+(G11*(G9-B21)^2))-(((I3*(I2-B21)^2)+(I6*(I5-B21)^2)))/((B15-1)*(B14-1))
34	F for interaction =	3.20	=B33/B22
35	Probability of F =	0.049	=F.DIST.RT(B34,E17,E16)

	A	B	C
44	q =	3.41	
45	HSD =	0.48	=B44*(SQRT(B22/(E4+G4)))
47	$M_{In person} - M_{online}$	0.03	=ABS(G9-E9)
48	$M_{In person} - M_{control}$	0.72	=ABS(G9-C9)
49	$M_{online} - M_{control}$	0.76	=ABS(E9-C9)

步骤 5：确定 k_A。接下来，确定组的数量，即 k_A。在该例子中，$k_A = 3$。

步骤 6:计算 $MS_{between\,for\,A}$。使用公式 4.20 计算 $MS_{between\,for\,A}$。这是在 Excel 中通过手动计算公式 4.20 完成的:

$$MS_{between\,for\,A} = \frac{20*(6.78-7.27)^2 + 20*(7.53-7.27)^2 + 20*(7.50-7.27)^2}{2}$$

$$= 3.63$$

步骤 7:计算每个组的 s^2。在该例中,我们不需要计算它们,因为它们已被给定为 0.22,0.60,0.38,0.38,0.47 和 0.32。这些是使用公式 4.3 计算,或者可以在 Excel 中使用"var.s"函数:=var.s(对照组,男性);=var.s(在线培训,男性);=var.s(现场培训,男性);=var.s(对照组,女性);=var.s(在线培训,女性);=var.s(现场培训,女性)来计算。

步骤 8:计算 MS_{within}。使用公式 4.25 计算 $MS_{within\,for\,A}$。这是在 Excel 中通过手动计算公式 4.25 完成的:

$$MS_{within} = \frac{2.37}{6} = 0.40$$

步骤 9:计算 F_A。使用公式 4.19 计算 F_A。这是在 Excel 中通过手动计算公式 4.19 完成的:

$$F_A = \frac{3.63}{0.40} = 9.20$$

步骤 10:确定与 $F_{A\,obtained}$ 相关的概率。与 $F = 9.20$ 相关的概率 < 0.001。这可以使用统计程序中的确切概率来确定,或者使用临界值 3.17 来确定,它是与 $df=2$ 和 $df=54$ 相关联的 F 值,概率为 0.05 的。这是通过在 Excel 中使用"f.dist.rt"函数:=f.dist.rt(F 值,$df_{between}$,df_{within})来完成的。

步骤 11:做出拒绝或不能拒绝零假设的决策。在这种情况下,拒绝零假设。各组间至少有一个差异。

步骤 12:在零假设被拒绝的情况下,决定使用哪一种事后检验。在这个例子中,我们展示了 Tukey 的 HSD 检验的结果。

步骤 13：如果使用 Tukey 的 HSD，定位 q 值。 人们可以使用在大多数统计教科书和互联网上的 q 关键表找到 q 的值。由于 $k=3$，$df_{between}=57$（即 $60-3$），$\alpha=0.05$，$q=3.41$。

步骤 14：计算 Tukey 的 HSD 值。 使用公式 4.26 计算 Tukey 的 HSD 值。这是通过在 Excel 中手动计算公式 4.26 完成的：

$$HSD = 3.41 * \sqrt{\frac{0.40}{20}} = 0.48$$

步骤 15：将 HSD 值与每组之间的平均差的绝对值进行比较。 接下来，进行每个可能的比较。这些公式必须使用减法和绝对值（"abs"）函数＝abs（现场培训的均值—在线培训的均值）等手动输入到 Excel 中：

$$M_{现场培训} - M_{在线培训} = 7.50 - 7.53 = -0.03$$

$|-0.03| < 0.48$，因此这两组彼此之间无统计显著性差异。

$$M_{现场培训} - M_{对照组} = 7.50 - 6.78 = 0.72$$

$|0.72| > 0.48$，因此这两组彼此之间存在统计显著性差异。

$$M_{在线培训} - M_{对照组} = 7.53 - 6.78 = 0.75$$

$|0.75| > 0.48$，因此这两组彼此之间存在统计显著性差异。

步骤 16：根据自变量 A 的零假设解释结果。 现场培训的参与者和在线培训参与者的客户服务评分统计显著高于对照组的参与者；然而，在线培训和现场培训之间的分数彼此没有显著性差异。组织应考虑实施现场培训或在线培训，因为与未接受培训的总体相比，两种类型的培训都显著提高了客户服务评分。考虑到成本，在线培训可能是一个最优的选择。

步骤 17：陈述自变量 B（性别）的主效应的零假设。 零假设是总体中男性和女性的客户服务评分无统计显著性差异：

$$H_0: \mu_{男性} = \mu_{女性}$$

步骤 18a:确定 $n_{i\,of\,B}$。 即符合 B(性别)的每个条件的参与者人数。换句话说,研究中有多少名参与者是男性,有多少是女性?

步骤 18b:计算 $M_{i\,of\,B}$。 即每个性别的平均值,使用公式 4.2 计算得到。因为我们只得到了每个性别条件的均值,所以我们必须对三个培训条件进行分解,以找出男性和女性的总体平均值。由于样本大小相同,因此可以通过计算平均值的简单平均数获得。在均值不相等的情况下,加权平均数是必要的。步骤 3 中列出的相同的 Excel 步骤可用于检验变量 B 的主效应的过程:

$$M_{男性} = \frac{6.80 + 7.11 + 7.50}{3} = 7.14$$

$$M_{女性} = \frac{6.75 + 7.95 + 7.49}{3} = 7.40$$

步骤 18c:计算 M_G。 这是先前在步骤 4 中检验培训的主效应时计算出来的。该值为 7.27。

步骤 18d:确定 k_B。 接下来,确定组的数量,即 k_B。在该例中,$k_B = 2$。

步骤 18e:计算 $MS_{between\,for\,B}$。 使用公式 4.22 计算 $MS_{between\,for\,B}$:

$$MS_{between\,for\,B} = \frac{30 * (7.14 - 7.27)^2 + 30 * (7.40 - 7.27)^2}{1} = 1.01$$

步骤 18f:计算 MS_{within}。 从步骤 8 可知,从公式 4.25 可以得到 $MS_{within} = 0.40$。

步骤 18g:计算 F_B。 使用公式 4.21 计算 F_B:

$$F_B = \frac{MS_{between\,for\,B}}{MS_{within}} = \frac{1.01}{0.40} = 2.57$$

步骤 18h:确定与 $F_{A\,obtained}$ 相关的概率。 与 $F = 2.57$ 相关的概率为 0.11。这可以使用统计程序中的确切概率来确定,或者使用临界值 4.02 来确定,即与 $df = 1$ 和 $df = 5$ 相关联的 F 值,概率为 0.05。

步骤 18i:做出拒绝或不拒绝零假设的决策。在这种情况下,不能拒绝零假设。没有必要进行事后检验,因为没有拒绝零假设。在这种情况下,由于只有两个维度的自变量,即使拒绝了零假设,也不需要进行事后检验。

步骤 18j:解释结果。男性和女性的客户服务评分差异不大。

步骤 19:说明交互效应的零假设。培训条件与性别之间没有交互效应。处理条件之间的所有总体的平均差可以通过两个自变量的主效应来解释。

步骤 20:确定 n_i。即研究中每个条件下的参与者人数,该值为 10。

步骤 21:计算 M_i。即每个条件下的平均值。可以采用公式 4.2 计算得到。这些值将显示在 Excel 截图中。

步骤 22:参照先前在步骤 4 中计算得到的 M_G。这是先前在步骤 4 中检验培训的主效应时计算得出的,其值为 7.27。

步骤 23:计算 $\sum n_i * (M_i - M_G)^2$。使用步骤 20 至步骤 22 的值计算 $\sum n_i * (M_i - M_G)^2$ 的值。这些可以使用列出的公式在 Excel 中手动计算:

$$\begin{aligned}
\sum n_i * (M_i - M_G)^2 &= 10 * (6.80 - 7.27)^2 + 10 * (7.11 - 7.27)^2 + \\
&\quad 10 * (7.50 - 7.27)^2 + 10 * (6.75 - 7.27)^2 + \\
&\quad 10 * (7.95 - 7.27)^2 + 10 * (7.49 - 7.27)^2 \\
&= 10.81
\end{aligned}$$

步骤 24:计算 $MS_{between\ for\ A \times B}$。使用公式 4.24 计算 $MS_{between\ for\ A \times B}$:

$$MS_{between\ for\ A \times B} = \frac{10.81 - 7.26 - 1.01}{2 * 1} = 1.26$$

$\sum n_{i\ of\ A} * (M_{i\ of\ A} - M_G)^2$ 和 $\sum n_{i\ of\ B} * (M_{i\ of\ B} - M_G)^2$ 的值可以从先前的计算检索得到(步骤 6 和步骤 18e 中计算得到的 $MS_{between\ for\ A}$ 和 $MS_{between\ for\ B}$ 的分子)。

（续表）

步骤 25：参照先前在步骤 8 中计算得到的 MS_{within}。 步骤 8 中使用公式 4.25 计算培训项目的主效应值时，MS_{within} 如前所述为 0.40。

步骤 26：计算 $F_{A \times B}$。 使用公式 4.23 计算 $F_{A \times B}$：

$$F_{A \times B} = \frac{1.26}{0.40} = 3.20$$

步骤 27：确定与 $F_{A \times B}$ 相关的概率。 与 $F = 3.20$ 相关的概率为 0.049。这可以使用统计程序中的确切概率来确定，或者使用临界值 3.17 来确定，即与 $df = 2$ 和 $df = 54$ 相关联的 F 值，概率为 0.05。

步骤 28：做出拒绝或不拒绝零假设的决策。 在这种情况下，我们拒绝零假设。

步骤 29：在零假设被拒绝的情况下，绘制图上每个条件下的平均值以解释交互效应的性质。 解释交互效应的最简单方法是在一个多种柱形图上绘制数值。因变量应在 y 轴上，其中一个自变量应绘制在 x 轴上，另一个变量应绘制为两个独立的柱形。这可以在大多数电子表格程序中轻松完成，如微软 Excel。

请注意，交互效应似乎与在线培训显著相关。女性似乎比男性更受益于这种培训项目。在其他培训条件下，性别差异不大。

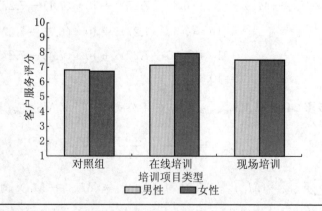

4.2.6 方差技术的其他复杂分析

除了本章所述的方差分析技术之外,还有一些可以根据研究设计和背景使用的技术。简要回顾一下这些可能性。当研究中涉及两个自变量,并且都使用重复检验设计进行评估时,双因素重复检验方差分析是合适的。与单因素重复检验方差分析非常类似,该检验涉及因子的方差剔除,并且也允许检验两个重复检验的自变量之间的交互效应。在有两个自变量的情况下,应使用混合方差分析,一个变量是基于组间设计,另一个是基于重复度量设计。

此外,这些检验可以扩展到包含第三个自变量的分析(三因子方差分析),从而可以检验三个主效应,三个双向交互效应和一个三向交互效应。协方差分析(ANCOVA)是方差分析的延伸,并包含一些线性回归元素(如第 4.3 节所讨论的)。它在统计学上控制归因于第三变量(称为协变量)的因变量中的方差。最后,方差分析和协方差分析都有多变量等效应,称为多元方差分析和多元协方差分析,它们允许对一个自变量或多个因变量的多个自变量进行评估。

4.2.7 第 4.2 节小结

实验和准实验设计通常使用两类定量分析:t 检验和方差分析。当研究的兴趣涉及确定代表两个总体的两个样本(通常被标记为总体或条件)是否与另一个基于单个自变量的样本存在显著性差异时,则使用 t 检验。t 检验要求因变量的数据为定距或定比尺度。t 检验计算是样本之间观察到的差异与样本之间预期差异的比率。绝对值较大的比例导致拒绝零假设的可能性更大,或者得出结论,两个样本,乃至总体,是存在显著性差异的。

当一个研究问题超出了两个总体或两个自变量的比较时,名为方差分析的定量分析是适当的。与 t 检验一样,方差分析要求因变量的数据为定距或定比尺度。方差分析的计算包含多个步骤,但最终检验统计(F 检验)是基于多个样本(每个样本代表一个特定总体)之间的方差与每个样本中的均值方差的比例。与 t 检验类似,较大的 F 值导致拒绝零假设的可能性更大,或者得出结论,各个样本,乃至总体,存在显著性差异。如果研究者希望同时考察多个自变量对因变量的影响,也可以使用方差分析。采用与上述相同的逻辑,检验统计解决了每个自变量的各种条件之间是否存在显著性差异的问题,以及两个自变量在影响因变量方面是否存在显著的交互效应(即在结合而不是孤立行为方面的不同)。

4.3 用于非实验研究的定量分析

在处理非实验设计时,研究人员通常对变量之间的关系程度较感兴趣,而不是平均差的比较。在第 4.3 节中,我们将介绍四种定量分析,提供关于变量之间线性关系的强度和性质的信息,包括相关系数、偏相关系数、简单普通最小二乘线性回归和多元普通最小二乘线性回归。本节中介绍的示例包括与显示基础计算的结果相邻的 Excel公式。

4.3.1 相关系数

在确定只有两个变量(通常称为 X 和 Y)之间的关系的研究中,相关系数的计算是适合的。相关性的精确类型取决于变量的测量尺度。所有类型的相关性都可以使用相同的零假设、公式和分布来确定临界值(对于某些类型的相关系数来说,替代的计算公式是可能的)。其区别在于数据在公式输入之前的组合方式。表 4.8 列出了每种情况下使用的相关系数类型。重要的是要注意,当数据是二分变量时,相关系数只能使用标称数据,这意味着只有两个类别的变量。

表 4.8 根据 *X* 和 *Y* 变量测量的相关系数类型

X 变量的测量	*Y* 变量的测量		
	定距或定比尺度	定序尺度	名义尺度和二分变量
定距或定比尺度	皮尔逊积差相关		
定序尺度	双列相关	斯皮尔曼秩相关	
名义尺度和二分变量	点二列	等级双列	Phi 系数

注:*X* 和 *Y* 可以互换使用。例如,如果 *X* 变量是定距或定比尺度,并且 *Y* 变量是名义尺度和二分变量,那么应该使用点二列相关。

对于所有类型的相关系数来说,零假设是指总体中两个变量之间没有关系。*P* 是用于表示总体中的相关系数的符号,而 *r* 表示一个样本中的相关系数。

$$H_0 : P = 0$$

如果分析具有统计学意义,则拒绝零假设,并得出结论:总体中两个变量之间存在统计显著性关系。否则,不能拒绝零假设,并得出结论:没有足够的证据表明总体中两个变量之间存在显著相关性。

相关系数的公式为:

$$r_{XY} = \frac{n * \sum XY - (\sum X) * (\sum Y)}{\sqrt{n * (\sum X^2) - (\sum X)^2} * \sqrt{n * (\sum Y^2) - (\sum Y)^2}}$$

(4.28)

其中 *X* 表示一个变量的个体得分,*Y* 表示第二个变量的个体得分,*n* 表示得分对的数量。相关系数的自由度为 *n*−2,在概念上,相关系数选取 *X* 和 *Y* 之间的协方差除以它们各自的标准差。

相关系数使用 *t* 分布来确定与观察到的检验结果相关的概率。为此,*r* 必须转换为 *t*。该转换通过以下公式计算:

$$t_{obtained} = r * \sqrt{\frac{n-2}{1-r^2}}$$

(4.29)

关于相关系数和公式的概念背景有几点值得一提。首先,相关系数只能在−1 和 1 之间。如果计算的 *r* 得到的值超出该范围,则意味着发生了错误。这是因为公式将每个尺度的单位标准化,并将它们置于一个公共的度量标准中。第二,相关性的标志传达了关系的方向。正相关表明变量趋向于朝相同的方向发生变化。随着一个变量的增加,另一个变量也会增加。这样的一个例子是市场份额和盈利能力之间的相关性。负相关表明变量趋向于朝相反的方向改变或具有反向关系。例如,失业率和消费者信心是负相关的。随着失业率的上升,消费者对经济的信心下降。

第三,相关性的大小传达了两个变量相关程度的信息。更接近于 1 和－1 的相关性比接近于 0 的相关性更强。考虑相关程度的另一种方式是一致性。当两个变量线性相关时,数据的散点图(每个人位于 X 轴和 Y 轴上的点相交形成的图形)将形成一条直线。1.0(或－1.0)的相关性意味着所有点都沿着线条完美地落下,从而知道一个人在 X 轴上的位置,也可以很好地了解到他们在 Y 轴上的位置。随着相关系数接近 0,这意味着关系走向较小的一致性和更多的错误。虽然这些点可能会在线上收敛,但是它们并不完美。在这种情况下,知道 X 给了我们关于 Y 的一些信息,但是它不太精确。

该散点图中的点可能会在线上收敛,但它们不会完美地落在该线上。当相关性为 0 时,没有线性关系,这意味着一个人在 X 上的位置不能提供他们在 Y 上的位置的可靠信息。图 4.8 显示了与各种相关性相关联的散点图。

相关系数的计算包括将 X 和 Y 变化的程度与各自变化的程度进行比较。公式的分子通过检查变量的乘积减去单个变量的乘积来估计协方差,分母包括在 X 变量和 Y 变量内发生的偏差量的计算。较大的相关系数包括那些相对于每个变量的方差量具有大量协方差的变量。

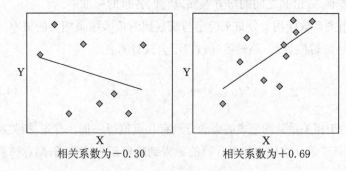

相关系数为－0.30　　　　　相关系数为＋0.69

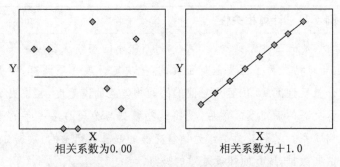

相关系数为0.00　　　　　　　　相关系数为+1.0

图 4.8　不同方向和幅度的相关性散点图

　　重要的是要注意,皮尔逊积差相关系数是唯一的参数相关系数。其他的都是非参数的,这意味着它们不需要关于数据的假设,或数据不是全部在定距或定比尺度上。此外,大多数相关系数仅适用于检测线性关系。当两个变量作为顺序变量(例如等级)进行度量时,使用斯皮尔曼秩相关系数可以检测非线性关系。这是因为,与专注于具有固有含义或设置距离的值不同,斯皮尔曼秩相关系数基本上给出了变量 X 上排在第一位(或第二位、第三位等等)的人有可能排在第一位(或第二位、第三位等等)的可能性的估计。在完全一致的关系中,一个人在 X 变量上的排序与在 Y 变量上完全一致。计算相关性的步骤总结在表 4.9 中。

表 4.9　计算相关性的步骤

1. 陈述零假设。
2. 对于每个参与者,将 X 和 Y 相乘。将这些值相加以计算 $\sum XY$。
3. 对所有 X 值求和以计算 $\sum X$。
4. 对所有 Y 值求和以计算 $\sum Y$。
5. 对每个 X 值进行平方,然后求和得到 $\sum X^2$。
6. 对每个 Y 值进行平方,然后求和得到 $\sum Y^2$。
7. 计算 r。
8. 将 r 转换为 $t_{obtained}$。
9. 确定与 $t_{obtained}$ 相关的概率。
10. 做出拒绝或不拒绝零假设的决策。
11. 解释决策。

例 4.11　计算相关性

Bob 是一位财务负责人,他不相信"快乐的顾客从公司购买的更多"这句老话。为了证明他是正确的,他决定开展一项调查,使用五级评分量表询问 10 位客户对他们的购物体验的满意度,其中更高的值表示更高的满意度。然后,他将这些数据与公司过去一年的采购数量相联系。采购数量是作为销售交易的数量来衡量的,数据如下。根据这些数据,Bob 的怀疑是对的吗?

请注意,对于任何研究来说,10 都属于小样本量。我们使用这个小数字只是为了说明的目的。

步骤 1:陈述零假设。零假设是,客户满意度和总体中的购买数量之间没有关系:

$$H_0 : P = 0$$

回想一下,尽管零假设集中在总体层面,但我们使用样本数据来检验假设,并对总体进行推断。

步骤 2 至步骤 6:对于每个参与者,将 **X** 和 **Y** 相乘。将这些值进行求和来计算 $\sum XY$; 对所有 **X** 值求和以计算 $\sum X$; 对所有 **Y** 值求和以计算 $\sum Y$; 对每个 **X** 值进行平方,然后求和得到 $\sum X^2$; 对每个 **Y** 值进行平方,然后求和得到 $\sum Y^2$。 这些值可以在 Excel 中通过使用基本乘法和指数函数手动设置公式来计算。但是请注意,如果使用 Excel,则此步骤不是必需的,因为可以使用下面描述的"关联"函数与原始数据。

步骤 7:计算 r。使用公式 4.28 计算 r:

$$r = \frac{(10 * 446) - (31 * 133)}{\sqrt{(10 * 109) - 31^2} * \sqrt{(10 * 1975) - 133^2}} = \frac{337}{515.62} = 0.653$$

相关分析可以在 Excel 中使用"correl"函数=correl(客户 ID 1 到 10 的客户满意度分数,客户 ID 1 到 10 的购买数量)进行。

（续表）

	Customer Satisfaction (X)		Number of Purchases (Y)		X*Y		X²		Y²	
Customer ID	(X)		(Y)		X*Y		X²		Y²	
1	4		17		68	=B2*D2	16	=B2^2	289	=D2^2
2	3		15		45	=B3*D3	9	=B3^2	225	=D3^2
3	2		12		24	=B4*D4	4	=B4^2	144	=D4^2
4	5		19		95	=B5*D5	25	=B5^2	361	=D5^2
5	2		13		26	=B6*D6	4	=B6^2	169	=D6^2
6	1		5		5	=B7*D7	1	=B7^2	25	=D7^2
7	4		19		76	=B8*D8	16	=B8^2	361	=D8^2
8	4		8		32	=B9*D9	16	=B9^2	64	=D9^2
9	3		9		27	=B10*D10	9	=B10^2	81	=D10^2
10	3		16		48	=B11*D11	9	=B11^2	256	=D11^2
Sum X =	31	Sum Y =	133	Sum X*Y =	446	Sum X² =	109	Sum Y² =	1975	
	=sum(B2:B11)		=sum(D2:D11)		=sum(F2:F11)		=sum(H2:H11)		=sum(J2:J11)	
Pearson's r =	0.65		=CORREL(B2:B11,D2:D11)				N =	10		
r to t conversion =	2.44		=B15*(SQRT((I16)/(1-B15^2)))				df =	8		
Probability of t =	0.04		=T.DIST.2T(B16,H16)							

步骤 8：将 r 转换为 $t_{obtained}$。 使用公式 4.29 进行转换：

$$t_{obtained} = 0.653 * \sqrt{\frac{8}{0.572}} = 2.44$$

步骤 9：确定与 $t_{obtained}$ 相关的概率。 与 $t = |2.44|$ 相关联的概率是 0.04。这可以使用统计程序中的确切概率来确定，或者使用临界 2.31 值来确定，这是与 $df = 8$ 相关联的 t 值，概率为 0.05。在 Excel 中，可以通过手动输入公式 4.29 将 r 转换为 t 来评估相关性的重要性。t 值的重要性可以使用"t.dist.2T"函数：＝t.dist.2T＝（计算出的 t 值，df）进行评估。

步骤 10：做出拒绝或不拒绝零假设的决策。 基于相关性和相关的 t 值的大小，我们拒绝零假设。

步骤 11：解释决策。 客户满意度与采购数量之间的相关性与零存在统计显著性差异。相关性是正相关，且相关性相当大，这意味着随着客户满意度的增加，采购数量也趋于增加，反之亦然。Bob 错了，他应该相信老话！

前面的例子（例 4.11）是皮尔逊积差相关系数，因为 X 和 Y 变量是在定距或定比尺度上度量的。计算其他类型的相关性也采用类似的过程。唯一的区别在于数据如何组合，必须特别考虑相关系数的演绎。

4.3.1.1 斯皮尔曼的秩相关系数和双列相关

如上所述,斯皮尔曼的秩相关系数和双列相关遵循与皮尔逊积差相关系数相同的计算过程。主要区别在于数据将有等级顺序(斯皮尔曼的秩相关系数的 X 和 Y 变量都是;双向变量只有一个)。重要的是要注意,对于顺序变量来说,排序必须只在样本本身内。例如,如果从100 个排序的总体中选择 10 个参与者,则样本必须重新排序,以使排名范围从 1 到 10。在约束的情况下,如果没有一个约束,每个人应该得到他们的值的平均值(例如,第三名的两个人的排名将为 3.5)。最后,当解释斯皮尔曼的秩相关系数或双列相关时,根据变量的序数性质去这样做是非常重要的。也就是说,关系涉及一个变量的排名,而不是它的原始位置。由于排序是取决于样本的,所以这些类型的相关性特别容易出现样本误差。

4.3.1.2 点二列、秩双列和 phi 系数

在这些相关系数的情况下,至少一个变量是名义尺度和二分变量。在处理名义二分变量时,研究人员必须"虚拟编码"这些变量,这意味着任意一个数字代码被分配到名义变量的每个维度。通常使用"0"和"1",但可以使用任意值。值是多少并不重要,相反,研究人员清楚地描述了哪个条件与较高的值相关。这对于如何解释结果有影响。在输入数据时,每个参与者将被分配一个"0"或"1"的值,这取决于它们在有关变量上的状态。

例 4.12 计算点二列相关

一位运筹学研究员对按时交付的客户订单的百分比与准时生产系统的使用之间的相关性感兴趣。使用准时生产系统是一个名义尺度和二分变量,按时交付的客户订单的百分比是一个定比尺度变量。因此,点二列相关是合适的检验方法。如果我们进行分析并且 $r =$ 0.67,则这种相关性的解释完全取决于准时生产系统是如何进行编码的。如果对准时生产系统的使用进行了编码,使得"是"被赋予较高的值(例如,0=否,1=是),则正相关表明使用准时生产系统与按时

交付的客户订单的比例存在关联。如果数据以相反的方式编码,我们将得出结论,不使用这些系统与更多的订单按时交付是相关联的。此外,如果相关性为负($r=-0.67$),虚拟编码则为否 =0,是 =1,则我们得出结论,不使用这些系统与按时交付的订单是相关联的,因为负相关意味着反向关系。

	A	B	C
1	On-time Delivery (Y)	Just in Time Manufacturing (X)	
2	70%	0	
3	75%	1	
4	70%	0	
5	60%	0	
6	82%	1	
7	60%	1	
8	55%	0	
9	85%	1	
10	80%	1	
11	57%	0	
12			
13	r =	0.67	=CORREL(A2:A11,B2:B11)

同样的想法对秩双列和 phi 系数也是适用的。在 phi 系数的情况下,两个变量必须是虚拟编码的,因此,研究者在解释结果时必须注意两个变量的编码。另外,在也可以使用独立性的卡方检验的情况下,使用 phi 系数(表示为 φ 或 ϕ)。每个检验的结果是直接相关的,如:

$$\phi = \sqrt{\frac{x^2_{obtained}}{n}} \tag{4.30}$$

点二列分析包含的度量尺度类型也有利于进行独立 t 检验。这两个分析将给出相同的答案,t 和 r 可以使用公式 4.29 直接相互转换。

4.3.2 偏相关性

通常,研究人员有兴趣了解当受第三个变量的效应控制时,两个变量之间的关联。这样可以更好地了解变量之间的"真实"关系。例如,组织研究中的一个发现是,与主管经历过强烈冲突的员工更有可能采取反生产的工作行为(例如偷窃,上网怠工)。然而,具有高度消极情绪特质的人往往更倾向于将情境视为冲突,而且也倾向于采取反生产的工作行为。因此,由于两个变量与消极情绪的关系,与主管的冲突和反生产的工作行为之间的关系可能会被人为地放大。幸运的是,有一个工具允许研究人员将第三个变量(Z)对 X 和 Y 之间的关系的影响分开统计。这个过程被称为偏相关性,当所有三个变量的度量都是定距或定比尺度时,该过程最适合使用。

图 4.9 显示了该示例的形象插图。所有三个变量重叠的标记为"A"的区域代表所有三个变量的共享方差。标记为"B"的区域代表消极情绪和反生产的工作行为之间的共享方差,标记为"C"的区域代表消极情绪和与主管的冲突之间存在的共享方差。事实上,偏相关性从计算中去除了区域 A、B 和 C,并且给出了如果可以去除消极情绪,与主管的冲突和反生产的工作行为之间的相关性估计。

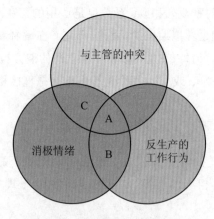

图 4.9 偏相关性的概念图

偏相关的零假设是,当保持第三个变量 Z 的影响保持不变时,总体中的两个变量 X 和 Y 之间没有关系。如果分析具有统计学意义,则拒绝零假设,并得出结论,当 Z 的影响保持不变时,总体中 X 与 Y 之间存在统计显著性差异。否则,不能拒绝零假设,并得出结论,当 Z 保持不变时,没有足够的证据表明总体中两个变量之间是显著相关的。

偏相关的公式为:

$$r_{XY.Z} = \frac{r_{XY} - (r_{XZ} * r_{YZ})}{\sqrt{(1 - r_{XZ}^2) * (1 - r_{YZ}^2)}} \tag{4.31}$$

其中 r_{XY} 是变量 X 和 Y 之间的相关性, r_{XZ} 是变量 X 和 Z 之间的相关性, r_{YZ} 是变量 Y 和 Z 之间的相关性。偏相关的自由度为 $n-2$,其中 n 表示所有三个相关性可以计算的个体总数。偏相关性使用 t 分布来确定与观察到的检验结果相关的概率。为此,必须使用公式 4.29 将 r 转换为 t。计算偏相关性的步骤总结在表 4.10 中。

表 4.10　计算偏相关性的步骤

1. 陈述零假设。
2. 计算 r_{XY}、r_{XZ} 和 r_{YZ}。
3. 计算 $r_{XY.Z}$。
4. 将 r 转换为 $t_{obtained}$。
5. 确定与 $t_{obtained}$ 相关的概率。
6. 做出拒绝或不拒绝零假设的决策。
7. 解释决策。

例 4.13　计算偏相关性

研究人员正在研究与主管的冲突和反生产工作行为之间的关系(例如盗窃,浪费资源)。她希望确保这两种变量与消极情绪的个性特征的关联并不完全解释这种关系。在 18 名员工的样本中,与主管的冲突和反生产工作行为的相关性为 $r=0.48$;与主管冲突和消极情绪的相关性为 $r=0.33$;消极情绪与反生产工作行为之间的相关性为 $r=0.28$。

步骤 1:**陈述零假设**。在消极情绪影响不变的情况下,总体中与主管的冲突和反生产工作行为之间没有任何关系。回想一下,尽管零假设关注的是总体,但我们还是使用样本数据来检验假设,并对总体进行推断。

步骤 2:**计算 r_{XY}、r_{XZ} 和 r_{YZ}**。在这个例子中,这些值是已知的,并且可以用来计算偏相关性。如果我们使用原始数据,我们将使用公式 4.28,并使用 Excel 中的相关函数进行三次独立分析,得到三个相关系数。我们可以将与主管的冲突和反生产工作行为之间的相关系数称之为 r_{XY},与主管的冲突和消极情绪之间的相关系数为 r_{XZ},反生产工作行为与消极情绪之间的相关系数为 r_{XZ}。

步骤 3:**计算 $r_{XY.Z}$**。使用公式 4.31 进行计算。这可以在 Excel 中通过手动输入公式 4.31 来完成:

$$r_{XY.Z} = \frac{0.48 - (0.33 * 0.28)}{\sqrt{(0.893) * (0.924)}} = 0.43$$

	A	B	C	D	E	F	G
1	Supervisor Conflict	CWB	Neg Aff				
2	5	4	4		df	16	=count(A2:A19)-2
3	4	4	3		r conflict & CWB	0.48	=correl(A2:A19, B2:B19)
4	3	3	4		r conflict & NA	0.33	=correl(A2:A19, C2:C19)
5	4	4	5		r CWB & NA	0.28	=correl(B2:B19, C2:C19)
6	4	4	4				
7	4	4	3		Partial r=	0.43	=(F3-(F5*F4))/(SQRT((1-F5^2)*(1-F4^2)))
8	5	4	3		t=	1.89	=F7*SQRT((F2/(1-F7^2)))
9	4	4	4		Probability of t	0.08	=T.DIST.2T(F8,F2)
10	4	4	4				
11	4	4	4				
12	3	3	1				
13	3	2	3				
14	5	3	4				
15	5	5	4				
16	5	4	4				
17	3	4	3				
18	4	4	3				
19	4	4	2				

步骤 4:**将 r 转换为 $t_{obtained}$**。使用公式 4.29 进行计算。它可以在 Excel 中通过手动输入公式 4.29 来完成:

$$t_{obtained} = 0.43 * \sqrt{\frac{16}{0.82}} = 1.89$$

（续表）

> **步骤 5：确定与 $t_{obtained}$ 相关的概率。**与 $t = |1.89|$ 相关的概率 < 0.08。这可以使用统计程序中的确切概率来确定，或者使用临界值 2.12，这是与 $df = 16$ 相关联的 t 值和 0.05 的概率。t 值的重要性可以使用"t.dist.2T"函数：$=$ t.dist.2T $=$（计算得出的 t 值，df）进行评估。
>
> **步骤 6：做出拒绝或不拒绝零假设的决策。**基于相关系数和相关的 t 值的大小，我们不能拒绝零假设。
>
> **步骤 7：解释决策。**在消极情绪影响不变的情况下，与主管的冲突和反生产工作行为的相关性与 0 无统计显著性差异。注意，一旦消极情绪偏离，相关性从 0.48 下降到 0.43。在此过程中，相关性减少到足以使其不再存在统计显著性差异，表明与主管的冲突和反工作行为强烈相关，主要是由于消极情绪引起的。

4.3.3 简单普通最小二乘线性回归

相关性可以让人们了解两个变量之间的关系，或者它们与最佳拟合线的接近程度。这种关系在概念上被解释为预测的背景（即如果我们知道一个人在 X 上的位置，我们如何准确地预测他们在 Y 上的位置），但是相关性并不允许实际的预测。然而，简单普通最小二乘线性回归可以实现。通过线性回归过程，产生 $\hat{Y} = b_0 + b_1 X$ 形式的线性方程，其中 $\hat{Y}$ 是已知值 X 的预测分数，b_1 是线的斜率，b_0 是线的截距，这是基于数据的最佳拟合线的估计计算确定的（参见图 4.10）。截距表示线条在散点图上与 y 轴交叉的点。斜率表示一个单位 X 的变化引起的 Y 的变化量。

最佳拟合线在 Y 的预测值和 Y 的实际值之间产生了最小的平均平方差。因此，我们使用最小二乘法。通过检验 b_1 是否与零显著不同，确定预测方程的意义。简单的线性回归要求在定距或定比尺度上度量 Y 变量（通常标记为效标）。当效标是名义数据（逻辑回归）或定序数据(顺序逻辑回归)时,可以使用其他形式的回归。X 变量(通常标记为预测变量)可以是名义尺度和二分变量、定距或定比变量。

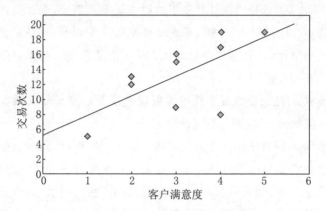

图 4.10　简单线性相关示意图

零假设是,最佳拟合线的斜率等于 0,这也意味着回归方程的效标变量的方差在总体中等于 0。如果分析具有统计学意义,则拒绝零假设,并得出最佳拟合线的斜率与 0 有显著性差异,回归方程的方差量明显大于 0。否则,则不能拒绝零假设,并得出结论,没有足够的证据表明最佳拟合线的斜率与 0 有显著性差异,并且回归方程式的方差明显大于 0。

此外,可以检验个体预测因子的回归系数的统计学意义。在这些情况下,检验一个预测值的系数等于 0 的零假设。如果分析统计显著,则拒绝零假设,并得出结论:系数与 0 有显著性差异。否则,不能拒绝零假设,并得出结论,没有足够的证据表明系数的值与 0 有显著性差异。

简单普通最小二乘线性回归方程的系数公式为:

$$b_1 = \frac{(n * \sum XY) - (\sum X * \sum Y)}{(n * \sum X^2) - (\sum X)^2} \tag{4.32}$$

$$b_0 = M_y - (b_1 * M_x) \tag{4.33}$$

其中 X 表示预测变量上的个体分数,Y 表示效标变量上的个体分数,n 表示分数的配对数,M_y 表示变量 Y 分数的平均值,M_x 表示变量 X 分数的平均值。线性回归有两个自由度,计算为 k 和 $n-k-1$,其中 k 是预测变量的数量,其值在简单普通最小二乘回归中总是为 1,n 为样本大小。

简单普通最小二乘线性回归使用 F 分布来确定与观察到的检验结果相关的概率。为此,r 必须转换为 F,使用公式 4.34:

$$F_{obtained} = \frac{r^2 * (n-k-1)}{k * (1-r^2)} \tag{4.34}$$

其中 r 是 X 和 Y 之间的相关系数,k 是预测变量的数量,其值在简单普通最小二乘线性回归中总是为 1,n 为样本量。

请注意,斜率 b_1 的计算与相关性的计算有些相似。实际上,当 b_1 被标准化时(这是在分析之前通过使用公式 4.1 将 X 和 Y 变量转换成 z 分数实现的),它与 r 相同。此外,整个方程的意义主要受 $r(r^2)$ 的影响,因为它是用来计算 $F_{obtained}$ 的。F 比率的方程式我们似乎并不熟悉,但它实际上代表与回归方程相关的方差和与误差有关的方差的比率。

为了检验个体预测变量的统计学意义,可以将其回归系数的值除以其标准误。该比率形成 t 检验。该检验的值可以与 t 分布进行比较,以确定与观察到的检验结果相关的概率。

表 4.11　计算简单普通最小二乘回归的步骤

1. 陈述零假设。
2. 对所有的 X 值求和以计算 $\sum X$。
3. 对所有的 Y 值求和以计算 $\sum Y$。
4. 对每个 X 值进行平方,然后求和得到 $\sum X^2$。
5. 每个 X 和 Y 相乘,然后求和得到 $\sum XY$。
6. 计算 b_1。
7. 计算 M_y 和 M_x。
8. 计算 b_0。
9. 以 $\hat{Y} = b_0 + b_1 X$ 的形式创建一个方程。
10. 计算 r_{XY}。
11. 计算 $F_{obtained}$。
12. 确定与 $F_{obtained}$ 相关的概率。
13. 做出拒绝或不拒绝零假设的决策。
14. 解释决策,如果需要,可以根据方程进行预测。

例 4.14 进行简单线性回归

使用 4.11 中相关例子中相同的数据,可以计算回归方程,从而可以从客户的满意度来预测客户的实际购买量。此外,可以确定这个方程是否有意义。回想一下,数据来自 10 位客户,使用五分评级量表完成了对他们满意度的调查,其中较高的值表示更高的满意度和他们的实际购买行为。请注意,对于任何研究来说,10 都属于小样本量。我们使用这个小数字的目的只是为了说明的需要。

步骤 1:陈述零假设。 最佳拟合线的斜率等于 0,采用回归方程计算总体的方差等于 0。回想一下,尽管零假设关注的是总体层面,但我们仍然使用样本数据来检验假设,并对总体进行推断。

	A	B	C	D	E	F
1	Customer ID	Customer Satisfaction	Number of Purchases	Squared Customer Satisfaction	Squared Number of Purchases	Customer Satisfaction * Number of Purchases
2	1	4	17	16	289	68
3	2	3	15	9	225	45
4	3	2	12	4	144	24
5	4	5	19	25	361	95
6	5	2	13	4	169	26
7	6	1	5	1	25	5
8	7	4	19	16	361	76
9	8	4	8	16	64	32
10	9	3	9	9	81	27
11	10	3	16	9	256	48
12	Sums	31	133	109	1975	446

	A	B	C	D	E	F
18	b_1	b_0	2.61	5.20	N =	10
19	Standard Error for b_1	Standard Error for b_0	1.07	3.53	df =	8
20	R^2	Standard Error of the	0.43	3.84	k =	1
21	F	df	5.97	8	=LINEST(C2:C11, B2:B11, TRUE, TRUE)	
22						
23	Probability of F	0.04	=F.DIST.RT(C21,F20,F19)			
24	t-test for $b1$	2.44	=C18/C19			
25	Probability of t	0.04	=T.DIST.2T(B24,F19)			

步骤 2 至步骤 5: 计算 $\sum XY, \sum X, \sum Y, \sum X^2$。这些值通过在 Excel 中对标注的行求和进行计算。

步骤 6: 计算 b_1。使用公式 4.32 进行计算:

$$b_1 = \frac{(10 * 446) - (31 * 133)}{(10 * 109) - (31)^2} = 2.61$$

在 Excel 中,可以使用"linest"函数:＝linest(客户 ID 1 到 10 的购买数量,客户 ID 1 到 10 的客户满意度分数,TRUE,TRUE)来计算这些值。然后必须使用 CTRL＋SHFT＋ENTER 功能创建数组,并突出显示两个相邻列和四行中的单元格。从而产生 b_0 和 b_1。

步骤 7:计算 M_y 和 M_x。使用公式 4.2 和 Excel 中的"average"函数进行计算:

$$M_y = \frac{133}{10} = 13.3$$

$$M_x = \frac{31}{10} = 3.1$$

步骤 8:计算 b_0。使用公式 4.33 并通过"linest"函数进行计算:

$$b_0 = 13.3 - (2.61 * 3.1) = 5.20$$

步骤 9:以 $\hat{Y} = b_0 + b_1 X$ 的形式创建一个方程:

$$\hat{Y} = 5.20 + 2.61X$$

步骤 10:计算 r_{XY}。使用公式 4.28 进行计算。我们已经在上一个计算相关性的例子的背景中计算了该值,$r = 0.653$。

步骤 11:计算 $F_{obtained}$。使用公式 4.34 作为"linest"函数的一部分:

$$F_{obtained} = \frac{0.653^2 * (10 - 1 - 1)}{1 * (1 - 0.653^2)} = 5.97$$

步骤 12:确定与 $F_{obtained}$ 相关的概率。与 $F = 5.97$ 相关的概率为 0.04。这可以使用统计程序中的确切概率来确定,或者使用临界值 5.32,即与 $df = 1$ 和 $df = 8$ 相关联的 F 值和 0.05 的概率进行计算。在 Excel 中,回归方程的意义可以通过使用手动输入公式 4.34 计算 F 值来评估。F 值的意义可以使用"f.dist.rt"函数＝f.dist.rt＝(计算得到的 F 值,k,df)来评估。

（续表）

> **步骤 13：做出拒绝或不拒绝零假设的决策。** 根据 $F_{obtained}$ 的大小，我们拒绝零假设。此外，可以通过将 b_1 的值除以其标准误来执行单个预测变量的检验。该比率形成 t 检验。可以在 Excel 中使用 t 分布函数 $=$ T.DIST.2T(t 值, df) 计算 t 的统计学意义。在这种情况下，b_1 的值是统计学显著的，因为其概率小于 0.05。
>
> **步骤 14：解释决策，如果需要，可以根据方程进行预测。** 回归方程具有统计学意义，即如果我们知道他们的满意度，可以使用 $\hat{Y} = 5.20 + 2.61X$ 的方程式来预测客户的购买量。满意度为 3 的客户预计将有 13.03 的购买量。

4.3.4　多元普通最小二乘线性回归

多元普通最小二乘线性回归是简单普通最小二乘线性回归的扩展。不是仅基于单个预测变量（X）创建预测方程，而是通过多个普通最小二乘线性回归来形成一个与单个效标变量（Y）相关的多个预测变量的方程式。这种回归在商业和管理研究中非常普遍。

多元普通最小二乘线性回归产生以下公式：$\hat{Y} = b_0 + b_1X_1 + b_2X_2 + b_3X_3 \cdots + b_kX_k$，其中每个 X 表示特定的预测变量，b_0 表示截距，每个 b 表示与每个预测变量相关的斜率，它是基于以往描述的使用普通最小二乘拟合过程得到的最佳拟合线。与简单线性回归相似，多元线性回归要求在定距或定比尺度上度量效标变量。预测变量可以是名义尺度和二分变量、定距或定比变量。还可以使用具有超过两个维度的名义值的预测变量的高级虚拟编码来实施步骤。

除允许研究者同时考查多个变量之外，多元线性回归特别有用，因为它可以考虑到所有其他 X 变量对 Y 的影响，来检验每个 X 变量的特定效应。换句话说，类似于我们用偏相关性所讨论到的，回归分析使所有其他变量的效应保持不变。它允许我们看到与每个预测变量相关的唯一方差。这些信息在决策环境中非常有用。例如，如果多条信息用于做出保险决策,并且它们之间存在实质的相交(例如,汽车事故的数量和典型的驾驶速度),当另一个变量的效应保持不变时,这样只有唯一一个预测保险损失的方案,这是一个信号,可以通过仅使用一个预测因素节省时间和金钱。

在模型中有两个以上的预测变量时,多元普通最小二乘线性回归中的计算变得非常复杂,其计算依赖于矩阵代数。为了让读者对多元线性回归所涉及的过程有个基本的了解,我们提供了一个只有两个预测变量的例子。在超过两个预测因素的情况下,应使用统计软件程序。

多元普通最小二乘线性回归方程的系数公式为:

$$b_1 = \frac{r_{YX_1} - (r_{YX_2} * r_{X_1X_2})}{1 - (r_{X_1X_2})^2} * \frac{s_y}{s_{X_1}} \tag{4.35}$$

$$b_2 = \frac{r_{YX_2} - (r_{YX_1} * r_{X_1X_2})}{1 - (r_{X_1X_2})^2} * \frac{s_y}{s_{X_2}} \tag{4.36}$$

$$b_0 = M_y - (b_1 * M_{X_1}) - (b_2 * M_{X_2}) \tag{4.37}$$

其中 r_{YX_1} 表示预测变量 X_1 和效标 Y 之间的相关系数,r_{YX_2} 表示预测变量 X_2 与指标 Y 之间的相关系数,$r_{X_1X_2}$ 表示预测变量 X_1 与预测变量 X_2 之间的相关系数,S_y 为效标 Y 的标准偏差,s_{X_1} 为预测值 X_1 的标准偏差,s_{X_2} 是预测值 X_2 的标准偏差,M_y 是效标 Y 上分数的平均值,M_{X_1} 是变量 X_1 上分数的平均值,M_{X_2} 是变量 X_2 上分数的平均值。线性回归有两个不同的自由度,计算为 k 和 $n-k-1$,其中 k 是预测变量的数量,n 是参与者的总数。

多元线性回归使用 F 分布来确定与观察到的检验结果相关的概率。为此,必须使用公式 4.34 将 r 转换为 F。因为 r^2 包括多元相关因素,所以必须使用以下等式计算(并且用大写字母 R 标记以表示多元相关):

$$R^2 = \frac{(r_{YX_1})^2 + (r_{YX_2})^2 - 2 * (r_{YX_1} * r_{YX_2} * r_{X_1X_2})}{1 - (r_{X_1X_2})^2} \tag{4.38}$$

请注意,该方程式是简单线性回归中使用的方程的扩展,但要将两个 X 变量考虑在内。计算 $F_{obtained}$ 的过程也是类似的,除非 R^2 的值现

在不能被计算为 X 和 Y 之间的简单相关性，否则必须考虑到三个变量之间的相关性的所有组合。在两个变量之间不是简单相关的情况下，R 被估值，因此符号的变化从简单的线性回归的实例开始。这些情况下，被称为多元相关。注意，F 值表示用于预测结果的整体回归方程的重要性，而不是个体预测变量。每个 b 的重要性也可以根据 t 统计量的计算进行评估。为了计算 t 统计量，将回归系数的值除以其标准误。该检验的值可以与 t 分布进行比较，以确定与观察到的检验结果相关的概率。

上述公式是以非标准化的形式对斜率进行估计的。这意味着每个与它相关联的变量的度量都是唯一的。当斜率处于非标准化形式时，不能简单地通过比较两个斜率来推断哪个斜率较大。为了做到这一点，它们必须可以通过从 b 等式中去除 $\frac{s_y}{s_{X_2}}$ 或 $\frac{s_y}{s_{X_1}}$ 来完成标准化。标准化的好处是它可以直接比较斜率，在标准化形式中被称为 β。它也简化了公式，去除了截距，它将始终为 0，因为标准化过程使得每个变量的均值为 0。使用 β 的缺点是，为了预测的目的，输入到等式中的任何原始数据也必须使用公式 4.1 进行标准化。

表 4.12　用两个预测变量计算多元普通最小二乘回归的步骤

1. 陈述零假设。
2. 计算 r_{YX_1}，r_{YX_2}，$r_{X_1X_2}$。
3. 计算 s_{X_1}，s_{X_2}，s_Y。
4. 计算 b_1 和 b_2。
5. 计算 M_y 和 M_x。
6. 计算 b_0。
7. 以 $\hat{y} = b_0 + b_1X_1 + b_2X_2$ 的形式创建一个方程。
8. 计算 R^2。
9. 计算 $F_{obtained}$。
10. 确定与 $F_{obtained}$ 相关的概率。
11. 决定拒绝或不拒绝零假设。
12. 解释决策，如果需要，可以根据方程进行预测。

例 4.15 进行多元回归

Fixlt 公司正在考虑重新设计其雇用机械设备技工的方式。该公司希望确保其在筛选申请人的过程中所使用的评估方法能够准确预测该申请人的工作表现。该公司还希望建立一个方程式，使其能够通过机械能力倾向测验和认真态度量表来得到申请人的评估分数，从而预测其最终的工作表现。在这个过程中，该公司获取了现有员工的相关数据，也就是说，对现有的 19 名员工实施了新的评估，并评估了其工作表现方面的分数。工作表现以 1—5 等级来衡量，机械能力倾向则分为 30—60 等级，而认真态度的等级范围则为 10—40 级。在所有这些情况下，数值越高即表示得分越高（即工作表现更好、工作能力更强等）。

步骤 1：陈述零假设。 人们在工作表现中的机械能力倾向和认真态度的方差为零。回想一下，尽管零假设主要集中于总体层面，但我们还是使用样本数据来检验了假设，并对总体进行了推论。

步骤 2：计算 r_{YX_1}，r_{YX_2}，$r_{X_1X_2}$。 我们可以使用公式 4.28 和 Excel 中的相关函数来计算每个 r_{YX_1}，r_{YX_2}，$r_{X_1X_2}$ 值。

步骤 3：计算 s_{X_1}，s_{X_2}，s_Y。 我们可以使用公式 4.3 和 Excel 中的 "stdev.s" 函数来计算每个 s_{X_1}，s_{X_2}，s_Y 值。

步骤 4：计算 b_1 和 b_2。 b_1 和 b_2 可以分别使用公式 4.35 和 4.36 来进行计算：

$$b_1 = \frac{0.62 - (0.89 * 0.55)}{1 - 0.55^2} * \frac{0.88}{6.91} = 0.02$$

$$b_2 = \frac{0.89 - (0.62 * 0.55)}{1 - 0.55^2} * \frac{0.88}{8.38} = 0.08$$

在 Excel 中，可以使用 "linest" 函数＝linest(工作表现值，机械能力倾向和认真态度值，TRUE，TRUE) 来计算这些值。然后，必须使用 CTRL＋SHFT＋ENTER 函数来创建一个数列，并在三个相邻列和四行中突出显示单元格。需要注意的是，"linest" 函数的输出值首先表示的是 b_2 值。

（续表）

	Job Performance (Y)	Mechanical Aptitude (X_1)	Conscientiousness (X_2)
	5	59	37
	4	50	30
	2	42	12
	4	48	18
	4	46	38
	4	38	31
	5	55	36
	3	39	22
	4	49	28
	4	49	31
	3	42	19
	3	41	16
	5	58	39
	5	50	40
	5	49	33
	3	41	21
	4	32	28
	4	47	30
	4	50	22
Mean	3.89	46.58	27.95
Standard Deviation	0.88	6.91	8.38

b_2	b_1	b_0	0.082	0.024	0.506	=LINEST(B2:B20,C2:D20, TRUE, TRUE)
Standard Error for b_2	Standard Error for b_1	Standard Error for b_0	0.014	0.017	0.653	
	R^2	Standard Error of the Estimate	0.809	0.406		
	F	df	33.862	16		
Probability of F =	0.000002	=F.DIST.RT(N4,R7,R8)				n = 19 k = 2
r_{YX_1} =	0.62	=CORREL(B2:B20,C2:C20)				$df2$ 16 =R6-R7-1
r_{YX_2} =	0.89	=CORREL(B2:B20,D2:D20)				
$r_{X_1X_2}$ =	0.55	=CORREL(C2:C20,D2:D20)				
t-test for b_1 =	1.426	=O1/O2				
Probability of t =	0.173	=T.DIST.2T(M12,R8)				
t-test for b_2 =	5.986	=N1/N2				
Probability of t =	0.00002	=T.DIST.2T(M15,R8)				

步骤 5：计算 M_y 和 M_x。我们可以使用公式 4.2 和 Excel 中的"average"（平均值）函数来计算每个 M_y 和 M_x 值。

步骤 6：计算 b_0。b_0 值是使用公式 4.37 来计算的。截距是通过步骤 4 的一部分作为"linest"函数的一部分来计算的：

$$b_0 = 3.89 - 0.02 * 46.58 - 0.08 * 27.95 = 0.51$$

步骤 7：以 $\hat{Y} = b_0 + b_1 X_1 + b_2 X_2$ 的形式创建一个方程：

$$\hat{Y} = 0.51 + 0.02 X_1 + 0.08 X_2$$

步骤 8：计算 R^2。R^2 是使用公式 4.38 和"linest"函数的一部分来计算的：

（续表）

$$R^2 = \frac{0.62^2 + 0.89^2 - 2 * (0.62 * 0.89 * 0.55)}{1 - (0.55)^2} = 0.81$$

步骤 9:计算 $F_{obtained}$。 $F_{obtained}$是使用公式 4.34 和"linest"函数的一部分来计算的:

$$F_{obtained} = \frac{0.81 * (19 - 2 - 1)}{2 * (1 - 0.81)} = 34.11$$

步骤 10:确定与 $F_{obtained}$ 相关的概率。 与 $F = 34.11$[①] 相关的概率 < 0.001。这可以使用统计程序中的准确概率来确定,也可以使用临界值 3.63,即与 $df = 2$ 和 $df = 16$ 和概率 0.05 相关的 F 值来确定。在 Excel 中,回归方程的意义可以通过使用"f.dist.rt"函数=f.dist.rt =(计算出的 F、k、df 值)来评估。

步骤 11:做出拒绝或不拒绝零假设的决策。 根据 $F_{obtained}$,我们拒绝零假设。此外,可以通过将 b_1 的值除以其标准误,并将 b_2 的值也除以其标准误来执行个体预测检验。该比率形成了一个 t 检验。可以用 Excel 中的 t 分布函数=T.DIST.2T(t 值,df)中的 t 分布来评估 t 的统计意义:在这种情况下,b_1 值由于概率大于 0.05,因此其没有统计学意义。然而,b_2 值由于概率小于 0.05,因此其具有统计学意义。

步骤 12:解释这一决策,并且如果需要,可以根据这个方程做出预测。 这个回归方程是具有统计学意义的,这意味着,利用方程 $\hat{Y} = 0.51 + 0.02X_1 + 0.08X_2$,我们如果知道某人在机械能力倾向测验和认真态度量表方面的得分,就可以可靠地预测他们的工作表现。例如,如果某人的机械能力倾向评分为 55 分,认真态度评分为 32,那么就可以预测这个人的工作表现等级为 4.17。

---

① 若按照表格中的原始数据进行计算,可最终得出 $F_{obtained} = 33.862$,但由于在进行前面几步运算时,所得结果的数值小数点较多,作者对此进行了四舍五入,故造成了后续步骤的计算结果有一定的数据偏差。——译者注

4.3.5　第 4.3 节小结

正如第 4.3 节所述,当研究问题的兴趣为变量之间的关系时,就可以使用大量的定量数据来进行分析,这种做法在非实验性研究中是非常常见的。检验这些关系的最基本的方法就是检验其相关性,以及检验这些由变量的数值测量尺度所决定的相关性类型(皮尔逊的积矩相关系数、双列、点双列、斯皮尔曼秩相关系数和 phi 相关系数)。简单线性回归是相关性的其中一种扩展,因此,研究人员可以根据预测变量(X)值来建立一个可以有效预测其实际标准值(Y)的方程。通常情况下,研究人员更关注的是这两个变量受第三个变量影响时它们之间的关系。我们可以使用偏相关性和多元线性回归来解决这个问题,这两种分析之间的区别在于其回归分析的方程生成能力。从数学上讲,每种分析的核心都在于将变量之间的协方差之比与每一个单独变量之间的方差进行比较。最后,虽然相关性和回归分析在商业和管理研究中大有裨益且相当普遍,但是使用此类方法的研究人员必须注意,如果研究设计中并没有得到想要的因果关系,一定不要贸然做出推论。只有通过实验研究才能得出因果关系推论。

4.4　违反分布假设时使用的定量分析

如本章开头所述,非参数检验(有时称为无分布检验)对总体分布不需要与参数检验相同的假设。当因变量是定序或名义数据时,不能进行分布假设,因此必须使用非参数检验。有时,即使在定距或定比尺度上度量数据,也不能满足假设,应使用非参数检验。对于大多数研究设计来说,可以选择多参数和非参数方法来检验假设。在第 4.4 节中,我们详细介绍了两个常见的非参数定量分析:曼-惠特尼 U 检验和独立卡方检验,并总结了许多其他选项[参见 Gibbons(1993);Siegel 和

Castellan(1998)对其他检验的评论]。

4.4.1 曼-惠特尼 U 检验

当研究的设计是组间设计时,仅比较自变量的两个条件或维度,并使用定序测量量表来测量因变量,使用曼-惠特尼 U 检验是适合的。因为这是一个非参数检验,它的统计功效不如参数检验(独立 t 检验)那么强大。该检验测试了中位数和数据排列的差异,而不是均值。

对于这类分析,零假设是,从条件 1 中选出的观察值的等级超过从条件 2 中选出的观察值的等级可能性相等,反之亦然。如果分析结果具有统计学意义,则拒绝零假设,并得出结论,从条件 1 中选出的观察值的等级超过从条件 2 中选出的观察值的等级的可能性存在显著性差异,反之亦然。否则,不能拒绝零假设,并得出结论,没有足够的证据表明,从条件 1 中选出的观察值的等级超过从条件 2 中选出的观察值的等级的可能性存在显著性差异,反之亦然。

曼-惠特尼 U 检验的公式是:

$$U = n_1 * n_2 + \frac{NX * (NX + 1)}{2} - TX \tag{4.39}$$

其中 n_1 是条件 1 中样本的大小, n_2 是条件 2 中样本的大小, NX 是给出较小等级的组中人数总数, TX 是两个等级的总和中的较小值。

随着样本量大于 30,曼-惠特尼 U 检验使用 z 分布来确定概率。 U 必须转换成 z 分数如下:

$$z = \frac{U - M_U}{\sigma_m} \tag{4.40}$$

$$M_U = \frac{n_1 * n_2}{2} \tag{4.41}$$

$$\sigma_m = \sqrt{\frac{n_1 * n_2 * (n_1 + n_2 + 1)}{12}} \tag{4.42}$$

计算曼-惠特尼 U 检验的步骤总结在表 4.13 中。

表 4.13 计算曼-惠特尼 U 检验的步骤

1. 陈述零假设。
2. 对两个样本的所有分数放在一起进行排序,其中 1 为最高分数,并给出了如果它们彼此不同时将获得的平均分数。
3. 对条件 1 的总体等级进行求和。
4. 对条件 2 的总体等级进行求和。
5. 根据步骤 3 和步骤 4 求出的较小值确定 TX。
6. 确定 NX。
7. 计算 U。
8. 将 U 转换为 Z。
9. 确定与 $Z_{obtained}$ 相关的概率。
10. 做出拒绝或不拒绝零假设的决策。
11. 解释决策。

例 4.16 进行曼-惠特尼 U 检验

Huge Hit 唱片公司希望知道营销部门与会计部门使用的供应商的质量是否有差异。根据供应商在服务水平协议中的表现,其评级为 50—100 分。较高的分数代表更好的表现,首都唱片公司希望使用现有的供应商对该问题进行评估,包括每个部门的 16 个供应商。收集数据后,公司意识到数据是异常的。有人担心数据的形状将违反工作人员打算进行的参数定量分析的假设。相反,他们决定使用更合适的非参数分析,公司决定使用曼-惠特尼 U 检验来测试两个部门之间服务水平的差异。

步骤 1:陈述零假设。 零假设是,营销部门供应商的等级超过了会计部门的供应商的等级似然相等,而会计部门供应商的等级超过营销部门的供应商的等级的似然相等。回想一下,尽管零假设关注的是总体层面,但我们还是使用样本数据来检验假设,并对总体进行推论。

步骤 2:将两个样本的所有得分进行排列。 在排名中,最高分的等级应为"1"。请注意,关系是指如果没有关系的话,那么将给平均值赋值。

	Marketing		Accounting					
	Overall Rank	Score	Overall Rank	Score				
	3.5	97	1.5	99				
	5.5	96	1.5	99		sum marketing ranks	268.50	=SUM(A3:A18)
	5.5	96	3.5	97		sum accounting ranks	259.50	=SUM(C3:C18)
	7	95	9.5	92		TX =	259.50	=MIN(G5,G6)
	8	93	11	90				
	9.5	92	12	88		N for marketing	16	=COUNT(A3:A18)
	14.5	85	13	87		N for accounting	16	=COUNT(C3:C18)
	17	84	14.5	85		NX =	16	
	17	84	17	84				
	20	82	19	83				
	22	81	22	81		U =	132.50	=(G9*G10)+((G11*(G11+1))/2)-G7
	24	80	22	81				
	26	79	26	79		Z =	0.17	=(G13-((G9*G10)/2))/(SQRT(G9*G10*(G9+G10+1)/12))
	29	77	26	79		p-value of Z =	0.57	=NORM.S.DIST(G15,TRUE)
	29	77	29	77				
	31	76	32	75				

步骤 3:对条件 1(营销部门组)的总体等级进行求和。营销部门组等级的总和是 268.50。此步骤使用"sum"函数：＝sum(营销部门排名 1 到营销部门排名 16)在 Excel 中进行。

步骤 4:对条件 2(会计部门组)的总体等级进行求和。会计部门组等级的总和为 259.50。该步骤使用"sum"函数：＝sum(会计部门排名 1 到会计部门排名 16)在 Excel 中进行。

步骤 5:确定 *TX*。通过比较值(268.50＞259.50)，*TX* 的值设置为 259.50。这是使用"min"函数＝min(营销部门总和,会计部门总和)在 Excel 中完成的。

步骤 6:确定 *NX*。TX(会计部门组)的 N 值＝16。

步骤 7:计算 *U* 值。使用公式 4.39 可以计算 U 的值。这必须在 Excel 中手动计算：

$$U = 16 * 16 + \frac{16 * (16+1)}{2} - 259.5 = 132.50$$

步骤 8:将 *U* 转换为 *Z*。M_u 的值由公式 **4.41** 计算得出：

$$M_u = \frac{16 * 16}{2} = 128.00$$

σ_m 的值由式 4.42 计算得出：

$$\sigma_m = \sqrt{\frac{16 * 16 * (16+16+1)}{12}} = 26.53$$

（续表）

Z 的值由公式 4.40 计算得出：

$$Z = \frac{U - M_u}{\sigma_m} = \frac{132.50 - 128.00}{26.53} = 0.17$$

步骤 9：确定与 $Z_{obtained}$ 相关的概率。与 $Z = |0.17|$ 相关联的概率是 $p = 0.57$。这可以使用统计程序中的确切概率或使用 1.96 的临界值来确定,这是与 0.05 概率相关联的 Z 值。在 Excel 中,可以通过手动输入公式 4.40 将 U 转换为 Z 来评估该检验的意义。可以使用"normal.s.dist"函数 = "normal.s.dist" = （计算出的 Z 值,TRUE）来评估 Z 值的意义。

步骤 10：做出拒绝或不拒绝零假设的决策。在这种情况下,不能拒绝零假设。

步骤 11：解释决策。部门的供应商排名顺序没有统计显著性差异。

4.4.2 独立卡方检验

当研究的设计是组间设计时,比较自变量条件的任意数量,并使用名义测量尺度来测量因变量,独立卡方检验适用于确定变量之间的关系。因为这是一个非参数检验,它没有参数检验（独立 t 检验）的统计功效的功能那么强大。请注意,当存在两个以上的条件时,可以使用该检验。唯一改变的因素是在计算中求和的值的数量。

该分析的零假设是,自变量的水平在因变量的分布上是一致的。如果结果具有统计学意义,则拒绝零假设,并得出结论:自变量的水平在因变量的分布上存在显著性差异。否则,不能拒绝零假设,并得出结论,没有足够的证据表明自变量的水平在因变量的分布上存在显著性差异。独立的卡方检验使用卡方分布来确定与观察到的检验结果相关的概率。

独立卡方检验的公式是:

$$\chi^2_{obtained} = \sum \frac{(f_0 - f_e)^2}{f_e} \tag{4.43}$$

$$f_e for\ 条件_{IV维度i,\ DV维度j} = \frac{f_0 for IV_{维度i} * f_0 for DV_{维度j}}{N} \tag{4.44}$$

其中 f_0 是给定类别的样本中的观察频数,f_e 是给定类别的总体中的百分比的期望频数。通过将自变量分类类别数减去 1 的值乘以因变量分类类别数减去 1 的值[$df = (\sharp IV$ 的条件数$-1) * (\sharp DV$ 的条件数$-1)$]来计算自由度。表 4.14 总结了计算卡方检验的步骤。

表 4.14　计算独立卡方检验的步骤

1. 陈述零假设。
2. 计算 f_0。
3. 计算 f_e。
4. 计算 $\chi^2_{obtained}$。
5. 确定与 $\chi^2_{obtained}$ 相关的概率。
6. 做出拒绝或不拒绝零假设的决策。
7. 解释决策。

例 4.17　进行卡方分析

Antarctica 大学希望了解计算机科学专业、市场专业与历史专业男性和女性的比例是否不同。目前该校计算机科学专业有 100 人,市场营销专业 50 人,历史专业 25 人。在 100 位计算机科学专业的学生中,70 人是男性,30 人是女性。在 50 个营销专业的学生中,40 人是女性,10 人是男性。在 25 人历史专业学生中,20 人是男性,5 人是女性。

步骤 1:陈述零假设。男性和女性在各专业的分布是一样的。回想一下,尽管零假设关注的是总体层面,但我们还是使用样本数据来检验假设,并对总体进行推论。

步骤 2:计算 f_0。在下面简单列出这些值。除了计数之外,应该创建 IV 和 DV 的每个维度的总数。

步骤 3:计算 f_e。使用公式 4.44,计算表中每个单元格的 f_e。如果当前样本的样本容量的空值为真,则这些值是根据期望频数计算的。使用自变量类别和因变量类别的总数进行计算。另一个想法是单元格所属的列和行的总和。这可以在 Excel 中通过手动输入公式 4.44 完成:

	A	B	C	D	E	F	G	H
1	Observed							
2		Computer Science	Marketing	History	Total			
3	Men	70	10	20	100	Chi-square =	40.25	=sum(B14:D15)
4	Women	30	40	5	75	p-value =	0.0000	=CHISQ.DIST(G3,G5,FALSE)
5	Total	100	50	25	175	df=	2	
6								
7	Expected							
8		Computer Science	Marketing	History				
9	Men	57.14	28.57	14.29		=(B5*E3)/E5	=(C5*E3)/E5	=(D5*E3)/E5
10	Women	42.86	21.43	10.71		=(B5*E4)/E5	=(C5*E4)/E5	=(D5*E4)/E5
11								
12	Calculation for chi-square							
13		Computer Science	Marketing	History				
14	Men	2.89	12.07	2.29		=((B3-B9)^2)/B9	=((C3-C9)^2)/C9	=((D3-D9)^2)/D9
15	Women	3.86	16.10	3.05		=((B4-B10)^2)/B10	=((C4-C10)^2)/C10	=((D4-D10)^2)/D10

注意,这些数字可以是分数,即使这些分数没有意义(即,不可能有 0.5 个人)。

步骤 4:计算 $\chi^2_{obtained}$。使用公式 4.43 计算 $\chi^2_{obtained}$。这是在 Excel 中使用"sum"函数＝sum(每个条件的 f_e 值)完成的:

$$\chi^2_{obtained} = \sum \frac{(70-57.14)^2}{57.14}$$

$$= \frac{(10-28.57)^2}{28.57} + \frac{(20-14.29)^2}{14.28} + \frac{(30-42.86)^2}{42.85}$$

$$+ \frac{(40-21.43)^2}{21.42} + \frac{(5-10.71)^2}{10.71}$$

$$= 2.89 + 12.07 + 2.29 + 3.86 + 16.10 + 3.05 = 40.25$$

步骤 5:确定与 $\chi^2_{obtained}$ 相关的概率。与 $\chi^2 = 40.25$ 相关的概率为 <0.001。这可以使用统计程序中的确切概率来确定,或者使用 9.21 的临界值,即与概率 0.05 相关联的 χ^2 值。这是使用"chisq. dist"函

（续表）

数 function＝chisq.dist(χ^2 值, df, FALSE)在 Excel 中完成的。

步骤 6：做出拒绝或不拒绝零假设的决策。根据检验值，可以拒绝零假设。

步骤 7：解释决策。不同专业学生的比例确实因性别而异。这意味着这两个变量不是彼此独立的——性别与专业之间有关联。

4.4.3　其他非参数定量分析

有相当数量的其他非参数检验值得一提。当有两个级别的自变量时，有几种非参数检验可以使用。第一个是威尔科克森符号秩检验。这种定量分析检验了与曼-惠特尼 U 检验类似的配对变量等级的差异。将所得到的检验统计量与 z 分布进行比较。第二个是符号检验。该检验利用一对变量（例如组 1 和组 2）之间的差异的符号（即＋或－）进行检验。将所得到的检验统计量与大样本的 z 分布或小样本的二项分布进行比较。第三个是麦克尼马尔检验，最适用于实验研究设计。麦克尼马尔检验测试了实验操作产生的观察值和预期变化的差异。将得到的检验统计量与 χ^2 分布进行比较。第四个是 Cochran's Q 检验，当因变量是一个比率时，它很有用。将得到的检验统计量与 χ^2 分布进行比较。

如果有两个以上的自变量，可以使用几个不同的检验。首先是 Kruskal Wallace 检验。该检验使用中位数来检验因变量的组间差异。二是弗里德曼检验。如果有一个单一的自变量表示重复测量，则可以使用该检验。该检验还使用中位数来检查组间的等级差异。Kruskal Wallace 和弗里德曼检验都可以进行事后检验。这些事后检验的程序可以在 Gibbons(1993)或 Siegel 和 Castellan(1998)中找到。

4.4.4　第 4.4 节小结

虽然使用在定距或定比尺度度量的数据的定量检验通常是最具统

计功效的,但并不是所有的变量或研究情况都有利于这些类型的度量。在这些情况下,或者当不满足参数检验的分布假设时,可以使用非参数检验。非参数检验有很多,但是在商业和管理研究中,更常见的两种检验是曼-惠特尼 U 检验和独立卡方检验。当两个变量都是按照定序尺度(即变量 X 的排名顺序是否与变量 Y 上的排名顺序有关)进行度量时,曼-惠特尼 U 检验提供了关于这两个变量之间的关联的信息。在处理名义数据时,独立卡方检验是一个合适的检验。基于将观察到的频数差异与期望频数差异进行比较的逻辑,卡方检验测试了两个变量是否是独立的(即,没有关联),或者两个名义变量的各个类别中的成员之间是否存在一定的关联。

5 定量数据分析实例

在这一章中，我们举例介绍了已发表的研究，这些研究使用了前一章讨论的许多定量分析，包括独立 t 检验、单因素独立方差分析、重复测量方差分析、双因素独立方差分析、线性回归、相关分析、曼-惠特尼 U 检验和独立卡方检验。本章回顾的研究采用了不同的研究设计和抽样方法，并举例说明了如何使用和报告本书所涵盖的定量分析。此外，读者可广泛查阅这些文章，以便进行独立审查。我们对每篇论文的研究假设、抽样方法、研究设计、定量分析、定量分析选择的原因，以及选择的适宜性进行了综述。

5.1 独立 t 检验和单因素独立方差分析的例子

独立 t 检验和单因素方差分析的一个例子来自 Sengupta 和 Gupta（2012）发表在《国际人力资源管理杂志》（*The International Journal of Human Resource Management*）上的研究，该研究探讨了印度业务流程外包（BPO）行业雇员在自然减员（即自愿离职）原因方面的性别、年龄、教育水平和婚姻状况的差异。在本研究中，没有提出关于差异性质的具体假设。相反，作者指出，这项研究是探索性的。

Sengupta 和 Gupta 采用非实验性研究设计，对印度 BPO 行业的 500 名员工进行了问卷调查。样本是通过对 BPO 行业低、中级业员工进行简单随机抽样获得的。应注意的是，作者没有定义从中获得这一简单随机样本的抽样框架（即印度 BPO 行业的所有雇员或印度单一 BPO 组织的所有雇员）。

问卷包括人口统计问题（即年龄、性别、教育和婚姻状况）和 21 个问题，以评估可能导致雇员自然减员的不同因素的重要性。每个自然减员问题都以五分制评分表进行评分，评分范围从"最不重要"到"最重要"。来自自然减员问题的数据可以被认为是一个定距测量量表。然后对这 21 个问题的回答进行验证性因素分析，并将其归纳为八个基本维度或因素（敌对的组织文化、工作性质不合标准、困惑的职业道路、不满意的个人因素、不友好的组织支持、沮丧的知觉因素、自我实现因素低、不利的工作条件）。根据最佳做法，本文对这些测量做了较详细的介绍。

Sengupta 和 Gupta 没有提供关于缺失数据或异常值存在的信息。他们报告了每一个人员流失尺度的平均值和标准差。他们还报告了人口统计变量的频数信息。年龄是作为定比尺度进行测量的，但根据年龄类别（25 岁以下，26 至 30 岁，30 岁以上）换算为名义尺度。任期也遵循同样的程序（在本组织任职不到 1 年，2 至 3 年，3 年以上）。所有其他变量均为二分变量（性别＝男性或女性；婚姻状况＝已婚或未婚；教育＝大学毕业生或研究生），并按名义计量。

为了检验人口群组之间人员流失维度的平均差，Sengupta 和 Gupta（2012）进行了若干独立的 t 检验。在第一组分析中，自变量是性别，因变量是八个自然减员维度中每一个维度的重要性评级。如该文表 10 所示，他们发现八个自然减员维度中有五个维度存在显著的性别差异。例如，他们发现，被报告的女性员工在决定离开 BPO 行业的工作时，工作的不合格性质平均比男性更重要（$t＝4.27$，$p＜0.01$）。然而，被报告的男性员工在决定离开 BPO 行业的工作时，不满意的个人因素平均比女性更重要（$t＝3.94$，$p＜0.01$）。在其余三个具有统计显著结果的维度中，平均而言，被报告的男性员工在决定离开 BPO 行业的工作时，该维度比女性更重要。必须指出的是，作者没有报告分析的自由度。在传达检验结果时，应报告此信息。

如该文表 11 和表 12 所示，对未婚和已婚调查对象，以及大学毕业生和研究生调查对象进行了同样的比较。Sengupta 和 Gupta 报告说，已婚和未婚雇员在决定离职的六个方面的重要性存在统计显著性差异。除了不利的工作条件之外，被报告的已婚员工在决定离职时，其他方面比未婚雇员更重要。作者还报告说，在几个自然减员维度上，不同教育程度之间存在统计显著性差异。这些差异的属性存在很大差异（在某些情况下，报告中大学毕业生的维度更重要，而在其他情况下，报告中研究生维度更重要）。这些是适当的分析，因为重点是比较一个因变量在分组或自变量的两个维度上的平均值。

由于年龄被人为地重新编码为三个维度，因此使用单因素独立方差分析和邓肯的事后检验对其进行评估（见该文表 13）。这种分析是一种适当的选择，因为分组或自变量有两个以上的维度，而且关注点是在平均差。作者报告说，F 检验对八个自然减员维度中的五个维度具有统计显著性。例如，F 检验表明，不同年龄组在决定离职时，敌对的组织文化在决定离职时的重要性存在平均差异（$F = 3.67$，$p < 0.05$）。邓肯的事后检验显示，25 岁以下年龄组的人与 26 至 30 岁年龄组和 30 岁以上年龄组有显著性差异，但 26 至 30 岁年龄组和 30 岁以上年龄组没有显著性差异。任期作为自变量也遵循同样的过程，结果见本文表 14。必须再次指出，作者没有报告方差分析的自由度。在传达方差分析结果时，应报告此信息。

作者们对结果进行了合理的解释，并对分析揭示的模式提出了一些推测。作者们只注意到他们研究的一些局限性。他们说，这项研究可以扩展"到一个个完全不同的领域的更大区域"，尽管还不清楚他们所说的不同领域（组织环境和时区等）指的是什么。他们还指出，用 21 个问题来获取可能是离职决定的一部分的大量原因或许是不够的，今后的研究中还应包括其他项目，以便更全面地了解影响自然减员决定的因素。作者没有提到的另一个限制是将年龄和任期视为名义变量。这些变量是在定比尺度上测量的，但转换为名义测量尺度。这种做法会导致信息丢失（例如，在分析中，60 岁的人与 31 岁的人被同等对待），并会对分析结果产生相当大的影响。一种更合适的方法是保留数据的定比尺度，并使用相关分析或回归分析对其进行分析。这些分析将更好地表明年龄和任期与自然减员方面的重要性之间的关联程度。此外,还存在一些与分析相关的限制。首先,作者没有报告效应量,效应量对于解释结果非常有用。第二,大量的 t 检验大大地增加了 I 类错误率,这一点没有被提及,也没有通过修正 α 值来解决。

5.2 重复测量方差分析的例子

重复测量方差分析的一个例子来自 Walla、Brenner 和 Koller (2011)在 *PLOS One* 中进行的一项关于客观测量顾客对消费品牌态度的情感方面的研究。具体而言,作者感兴趣的是,哪些生物和生理测量(例如眨眼、皮肤传导和心率)可用于捕捉个人对消费品牌的态度(即喜欢或不喜欢)的情感相关方面。在该研究中,Walla 等人假设喜欢的消费品牌与不喜欢的消费品牌的眨眼频率、平均皮肤电导水平和平均心率水平存在差异。

为了检验他们的假设,他们进行了多部分的实验研究。参与者是 29 名自愿参加研究的德国成年人。这个样本可能代表一个方便样本,但是没有足够的信息来最终确定采样方法。作者指出,由于数据缺失过多或没有明确的生理反应,八名参与者被排除在分析之外。在研究的第一部分,参与者对德国常见的 300 个消费品牌进行了评价。他们以 21 点电子滑块刻度对品牌进行评级。利用这些数据,Walla 等人 (2011)能够确定每个参与者最喜欢和最不喜欢的 10 个品牌。这些数据表示测量的定距尺度。

在研究的第二部分中,这些最喜欢和不喜欢品牌的个性化列表被当作自变量,其中喜欢和不喜欢品牌的视觉呈现展现为参与者的组内控制。此外,呈现顺序是随机的,而且根据喜欢或不喜欢的项目,它是中立的。因变量为眨眼、皮肤传导和心率等生理指标。根据最佳做法,作者对这些测量提供了详细的描述。

作者详细描述了从生理测量中准备数据的过程,包括对数据执行的许多转换,以准备进行分析。这些度量表示定比尺度。在结果部分的文本中,Walla 等人提到了生理指标的均值和标准差,但没有提供对它们的解释说明。按照惯例,他们没有注意到中心趋势或变量的额外度量。

为了检验他们关于品牌情感反应对生理指标影响的假设,Walla 等人(2011)以喜欢或不喜欢品牌为重复因素,生理指标为因变量,进行了多次重复测量方差分析。在这种情况下,重复测量方差分析是适当的,因为因变量的数据是以定比尺度测量的,参与者包括在自变量的所有维度中。他们发现,消费者对喜欢的品牌和不喜欢的品牌在平均眨眼次数上存在统计显著性差异($F = 5.110$,$p = 0.035$,$\eta^2 = 0.203$),因此看到不喜欢的品牌比喜欢的品牌眨眼更频繁。他们发现,消费者对喜欢和不喜欢的品牌在皮肤电导的平均水平上存在统计显著性差异($F = 12.581$,$p = 0.002$,$\eta^2 = 0.386$),使得对不喜欢的品牌的皮肤电导强度大于喜欢的品牌。心率数据分析未达到统计显著性($F = 3.970$,$p = 0.060$,$\eta^2 = 0.166$),但均值模式显示,看到喜欢品牌的心率低于看到不喜欢品牌的心率。必须指出的是,作者没有报告分析的自由度。在传达方差分析结果时应报告此信息。然而,作者确实报告了与最佳实践相一致的分析效应量。

在解释他们的结果时,Walla 等人仔细注意生物和生理测量作为品牌态度的情感方面的额外测量的潜力,同时将他们的发现在之前的文献中进行陈述。他们注意到数据中可能存在的注意事项和限制,例如,关于他们测量的结构效度的大的组内标准差和可能性问题。他们对定量分析的结果做了一些因果解释,这对于实验研究设计是合适的。

5.3 双因素独立方差分析的例子

Grant 在《管理学院学报》(*the Academy of Management Journal*)(2012)上发表的一篇文章中的研究说明了双因素独立方差分析的使

用。研究的目的是评估变革型领导者在激励追随者(即提高他们的绩效)方面的有效性是否取决于追随者能否与直接受益于其工作产品的内部或外部客户进行互动。使用双因素独立方差分析检验的具体假设是,与员工工作产品的受益者互动将加强变革型领导与追随者绩效之间的关系。

Grant 用一个在现场进行的准实验性研究设计对这个问题进行了检验,样本是 71 名最近雇用的呼叫中心员工。样本是从单个组织中选择的,所有最近雇用的员工都参加了调查。虽然没有明确说明,但我们假定这是一个方便样本。研究中的两个自变量是接触变革型领导者(接触或不接触)和与员工工作成果的受益人互动(互动或不互动)。总的来说,有四个条件(接触变革型领导人,以及和受益人互动;不接触变革型领导,但与受益人互动;与变革型领导接触,但不与受益人互动;既不与变革型领导接触,也不与受益人互动)。这些变量是通过在为最近雇用的员工举办的强制性培训课程中,包括或排除演讲者谈论与变革型领导和受益人联系相关的内容来控制的。共有四次培训会议,每一次都是四个条件之一。员工可以选择参加四个会议中的任一个。四个条件之一中的员工自选表示变量分配到各个条件之下。因此,条件分配不是随机的,本研究是一个准实验研究。因变量是雇员的业绩,该业绩按照销售交易的数量进行操作,以及在操作后的七周内产生的总收入。这两个因变量都是按定比尺度测量的。

作者没有提供关于缺失数据或异常值存在的信息。各条件的平均值和标准差见该文表 1。按照惯例,他们没有注意到集中趋势或可变性的额外度量。为了验证这一假设,我们进行了双因素方差分析。这种分析是一种适当的选择,因为该分析是在单个因变量上同时比较两个自变量,并且假设的焦点是这两个自变量之间的交互效应。变革型领导[$F(1, 66)=0.01$, $p=0.93$]或与受益人的互动[$F(1,66)=0.26$, $p=0.69$]对销售没有显著的主效应,但存在显著的交互效应[$F(1, 66)=7.73$, $p<0.01$]。与之相似,收入与变革型领导[$F(1, 66)=0.00$, $p>0.99$]或与受益人的互动[$F(1, 66)=0.13$, $p=0.77$]的主效应无统计显著性差异,且存在显著的交互效应[$F(1, 66)=4.67$, $p<0.05$]。

交互效应的模式显示在文章的图 1 和图 2 中。数据显示,当与受益人有互动时,变革型领导对销售业绩和收入有影响(但是仅当使用单侧检验时)。当没有互动时,变革型领导对销售或收入没有影响。

Grant(2012)在根据研究设计解释其结果时非常谨慎。他承认,准实验设计容易受到有效性威胁的影响,尤其是在公司和经济中发生的较大事件,同时实验操作处理可能会影响数据的性能指标。他还考虑了对调查结果可能做出的其他解释,包括在培训期间发言人数而不是具体发言内容可能产生的结果。他还提到了培训干预的短期性质,以及呼叫中心工作范围之外的结果的普遍性方面的局限性。尽管如此,他认为他的结果确实提供了证据来支持与受益人的互动加强了变革型领导对追随者绩效的影响的假设。同样重要的是,作者没有报告效应量,这将有助于解释结果,并且作者在进行分析时在单尾和双尾测试之间切换。

5.4　相关和最小二乘回归的例子

相关和回归分析的一个例子来自 Lee、Wong、Foo 和 Leung (2011)发表在《商业冒险杂志》(*Journal of Business Venturing*)上的关于能够预测创业意愿的个人和组织因素的研究。具体而言,他们感兴趣的是工作满意度、创新氛围、创新导向和技术卓越激励与个人离职而进行创业的意愿之间的关系。他们假设创新氛围和技术卓越激励能够预测工作满意度。相应地,工作满意度和创新导向能够预测离职并创业的意愿。

为了检验这些关系,Lee 等人利用作为非实验研究的一部分而收集到的辅助数据源。辅助数据源包括关于个人工作满意度的调查问题、对其组织创新氛围的看法、对技术卓越奖励的看法、个人报告的创新取向,以及离开当前工作开始新业务的意愿。这些调查问题以五点反应量表评分,范围从强烈反对到强烈同意。因此,这些数据表示测量的定距尺度。根据最佳做法,作者介绍了这些测量。该研究采用分层抽样的方法,选取参与者完成问卷调查。文章中没有提到每一层内的抽样是否随机的。最终的样本包括 4 192 名新加坡的 IT 专业人员。

该文表 4 报告了集中趋势和变异性的测量。所有调查项目的平均值接近反应量表的中点,这表明样本在这些变量上大体是中立的。标准差表明反应存在变异性,但变异性相对较小。平均值和标准差是所报告的集中趋势和变异性的唯一量度。然而,通常的做法是仅在期刊文章中报告这两种测量。

该文表 4 报告了研究中变量之间的相关性。Lee 等人(2011)发现创新氛围与创业意愿呈显著负相关($r=-0.18$,$p<0.05$),与工作满意度呈显著正相关($r=0.09$,$p<0.05$)。这些相关性表明,人们越相信自己的组织有创新的氛围,所报告的离职进行创业的意愿就越低,所报告的工作满意度就越高。他们还发现,卓越技术激励与创业意愿之间存在显著的负相关($r=-0.17$,$p<0.05$),与工作满意度之间存在显著的正相关($r=0.08$,$p<0.05$)。这些相关性表明,人们越相信自己的组织拥有卓越的技术激励,所报告的离职进行创业的意愿就越低,所报告的工作满意度就越高。创新导向与创业意愿呈显著负相关($r=0.14$,$p<0.05$),而创新导向与工作满意度的相关不显著($r=0.04$,$p>0.05$)。创业意愿与工作满意度呈负相关,且有统计学意义($r=-0.32$,$p<0.05$),表明工作满意度越高,创业意愿越低。考虑到所有的数据都可以在测量的定距尺度上进行处理,以及对关系的关注,相关性是一种适当的分析。

该文表 5 报告了一系列回归分析,以检验研究的主要假设。考虑到作者对预测工作满意度和创业意愿的兴趣,以及定距数据的可用性,回归是一种适当的分析方法。表 5 中的模型二和模型四是多元回归分析的代表。在模型二中,除了预测工作满意度的组织创新氛围、技术卓越激励和创新导向等主要变量外,模型中还包括与年龄和经验相关的若干控制变量。控制变量的目的是消除可能掩盖主变量之间关系的任何方差。这与当使用部分相关以去除归因于第三变量的方差的想法相同。他们发现,在控制年龄和经验相关变量后,组织的创新氛围($b=$

2.115，$p < 0.05$）和技术卓越激励（$b = 1.769$，$p < 0.05$）是工作满意度的统计学显著预测因子。研究结果表明，组织创新气氛增长 1 个百分点，预示着工作满意度会提高 2.115 个百分点，技术卓越激励增长 1 个百分点，预示着工作满意度提高 1.769 个百分点。有意思的是，创新取向与工作满意度呈统计显著的负相关（$b = -1.000$，$p < 0.05$），但与工作满意度呈正相关，但不显著。

这种情况下，回归系数显示出与相关性相反的符号，并且在回归中变得显著（但在相关分析中不显著），这是抑制效应的体现（Tzelgov and Henik，1991）。抑制效应是一种统计假象，它可能发生在预测因子相关（即多重共线性）的回归中，并抑制彼此之间的变化，这改变了与效标的关系的性质。作者讨论了多重共线性的相关性和概率对结果的影响。他们认为多重共线性对结果没有影响，但没有讨论回归分析中明显的抑制效应。

在模型四中，Lee 等人运用包括一些与年龄和经验有关的控制变量，此外还包括组织创新氛围、技术卓越奖励和创新等主要变量来预测创业意愿。他们发现，在控制年龄和经验相关变量后，组织创新氛围（$b = -1.135$，$p < 0.05$）和技术卓越激励（$b = -1.129$，$p < 0.05$）是创业意愿的统计显著预测因子。结果表明，组织创新范围下降 1 个百分点，创业意愿下降 1.135 个百分点，技术卓越激励上升 1 个百分点，创业意愿下降 1.129 个百分点。创新取向与创业意愿呈显著正相关（$b = 1.013$，$p < 0.05$），符合相关关系。这一结果表明，创新取向增加 1 个百分点，预示着创业意愿增加 1.013 个百分点。

在解释他们的结果时，作者谨慎地用不暗示因果关系的术语来描述这种关系的性质。在大多数非实验性研究中，都使用了一些可能暗示因果关系的术语，如"影响"。例如，在文章标题中使用影响一词意味着个人和组织因素导致创业意愿。虽然 Lee 等人（2011）做出与其数据相符的仔细和适当的解释，提醒所有研究人员在解释其结果时必须考虑到与数据性质、测量规模和研究设计相符的问题。Lee 等人也要小心不要将结果推广到 IT 行业之外。正如他们在限制部分指出的那样，需要进行更多的研究，以便将结果推广到其他行业。

5.5　一个曼-惠特尼 U 检验的例子

　　Qayyum 和 Sukirno(2012)在《全球商业和管理研究：一份国际期刊》(*Global Business and Management Research：An International Journal*)调查了巴基斯坦银行业员工在各种激励因素的相对重要性和可用性方面的差异。作者没有提出他们认为哪些动机因素最重要的具体假设。相反，他们认为这项研究是探索性的，因为以前大多数关于员工激励的研究都是在北美和欧洲的发达国家进行的。因此，该研究检验了这些结论在多大程度上可推广到巴基斯坦等欠发达国家。

　　为了检验他们的探索性研究问题，Qayyum 和 Sukirno 进行了一项非实验性研究，他们对巴基斯坦伊斯兰堡的银行员工进行了问卷调查。作者采用整群抽样策略，从巴基斯坦 39 家银行中随机抽取三家银行，然后对这三家银行的所有员工进行问卷调查。在发给银行雇员的 200 份调查问卷中，165 份已完成并回收（回收率为 83％）。问卷要求参与者将 12 个激励因素（高薪、资历晋升、造福社会的机会、个人发展/学习、稳定和有保障的未来、平衡的工作和家庭生活、物质工作环境、晋升机会、社会地位/声望、额外福利、宽松的工作环境、退休后的福利）按重要性排序，其中一个是最重要的。他们还根据他们目前工作的可利用性对相同的因素排序。这两个变量都是等级的，并在定序尺度上测量。作者还收集了关于雇员性别和教育状况的资料。两者都是名义测量尺度。没有提到丢失数据或异常值的发生。

　　作者感兴趣的是，动机因素在重要性方面的等级顺序是否因性别和教育程度（学士学位与硕士学位）而显著不同。为了检验这个问题，作者进行了一系列的曼-惠特尼 U 检验，并将结果报告在本文的表 4 中。对于男性和女性的比较，z 统计仅在基于资历的晋升中显著（$z = -2.415$，$p = 0.016$），男性员工比女性员工更重视这一激励因素。教育程度也遵循了同样的过程（该文表 4 也列出了这一过程），稳定和有保障的未来与晋升机会之间出现了显著性差异（学士学位者在两者上的排序高于硕士学位者）。

作者适当地解释了他们的结果，并描述了他们的发现的潜在影响。他们小心翼翼地用显著性差异来描述他们的发现，而不暗示因果关系。鉴于研究的非实验性质，因果关系解释是不适当的。他们指出，他们的研究存在局限性，包括研究结果并不支持将其推广到亚洲发展中国家以外的环境和银行业以外的行业。但是他们没有提到，进行的大量统计检验大大增加了 I 类错误率，也没有提到通过修正 α 值来解决这个问题。

5.6 独立卡方检验的例子

Griskevicius、Tybur 和 Van den Bergh（2010）在《个性与社会心理学杂志》（*Journal of Personality and Social Psychology*）上发表的关于消费者购买环保产品动机的研究就是一个独立卡方检验的例子。具体而言，他们进行了一系列研究，以考察地位和声誉的动机如何影响对奢侈品非环保产品与非奢侈品环保产品的选择。为了论证卡方分析，我们重点研究了本文的一个部分。基于许多心理学和经济学理论，Griskevicius 等人假设当身份地位动机被激发时，非奢侈品环保产品的选择将比奢侈品非环保产品的选择更频繁。

为了检验研究一的假设，Griskevicius 等人（2010）进行了一项实验研究。研究对象为 168 名本科大学生。此样本代表方便样本。参与者被随机分配到使用启动技术激发身份地位动机的条件（例如阅读具有强烈状态主题的故事）或身份地位动机未启动的条件（即控制条件）。一旦参与者的身份动机被操纵，他们被要求考虑购买三种不同的产品（即汽车、家用吸尘器和洗碗机）。虽然本文未对其进行审查，但作者在进行实验之前进行了大量检验，以确保身份操纵动机的有效性和产品的可比性。对于每一种产品类型，参与者被要求在两种价格相同的选择之间进行选择，一种是奢侈品，不环保；另一种是非奢侈品，环保。这些数据代表一个名义测量尺度,因为它们代表一个二分选择。

该文的图 1 报告了在每种情况下,选择非奢侈品环保产品的参与者的百分比。考虑到自变量是一个二分变量,因变量是类别的数量,数据是在名义尺度上进行测量的,独立卡方检验是一个适当的分析。Griskevicius 等人报告说,在控制条件下,37.2%的人选择了环保型汽车,25.7%的人选择了环保型的家用吸尘器,34.5%的人选择了环保型的洗碗机。在身份动机条件下,54.5%选择环保型汽车,41.8%选择环保型家用吸尘器,49.1%选择环保型的洗碗机。卡方分析表明,条件与产品选择之间存在显著的相关性。环保型汽车,$\chi^2(1, N = 168) = 4.56$,$p = 0.033$,和环保型家用吸尘器,$\chi^2(1, N = 168) = 4.52$,$p = 0.034$的选择在身份动机条件下比在控制条件下更频繁。至于环保型的洗碗机,结果没有达到统计学意义 $\chi^2(1, N = 168) = 3.30$,$p = 0.069$。

Griskevicius 等人(2010)在讨论他们的发现时,暗示这三种产品都支持假设。虽然我们同意这种解释,但数据并不完全支持关于洗碗机的假设。然而,当结果为一组时,他们确实支持这样的结论:当身份动机活跃时,非奢侈品环保产品比不活跃的时候更容易被选择。这些结果表明,除了单独检查每个定量分析的结果之外,还必须检查整个定量分析的结果模式。个体定量分析可能不支持假设,但一组分析可能揭示支持假设的模式。

Griskevicius 等人把这些发现的性质描述为支持因果关系。在该研究中,这些解释是适当的,因为数据是采用随机实验设计收集的。在该文的一般性讨论中,作者明确考虑了数据的其他解释,并排除了这些解释。排除其他解释的过程是建立支持因果结论的证据的关键因素。Griskevicius 等人(2010)还考虑了对其调查结果的一些潜在限制。我们要补充的一点是对样本及其代表性的考虑。作者在指出没有实际选择的时候,间接考虑了这一因素,它只是一个假设的选择。然而,这一关注需要进一步的阐述。该样本可能由美国大学生组成,他们几乎没有做过此类决策的经验。因此,这个样本代表做出这些购买决定的个体的程度是未知的。此外,在这一点上,对其他群体(例如非美国消费

者)的可推广性是未知的。虽然 Griskevicius 等人对其数据的解释是
适当的、彻底的和深思熟虑的,但是仔细考虑样本对定量分析解释的影
响的重要性是不能被低估的。

5.7　小结

为了说明本书中描述的许多定量分析的用法,我们回顾了一些已
发表的使用它们的商业和管理研究。重点讨论了独立 t 检验、单因素
独立方差分析、重复测量方差分析、双因素独立方差分析、普通最小二
乘回归、相关分析、曼-惠特尼 U 检验和独立卡方检验研究。对于每一
项研究,我们都侧重于研究设计、抽样方法、使用的定量分析、这些分析
的适当性,以及从分析中得出的结论的性质。这些研究合理地说明了
这些分析通常是如何报告的,以及分析适用的情况类型。

6 结　论

在前面的章节中,我们已经考虑了定量的认识论基础、定量分析所需的基本组成部分、许多用于实验和非实验研究的定量分析,并且使用这些分析检验了已有的实例。在本章中,我们将讨论定量分析的优势和局限性,以及可用于评估定量分析的标准。这里所说的优势和局限性只是可能的优势和局限性,记住这一点很重要。定量分析的使用并不能保证研究将受益于优势或受到限制。研究人员需要在每次定量分析中对其优势及限制进行评估。这项评估应该在研究开始之前,以及分析完成之前进行,以确保假设、研究设计、定量分析和预期结论之间保持一致(Aguinis and Edwards,2014;Aguinis and Vandenberg,2014)。在考虑优势和局限性时,重要的是在研究设计的背景下考虑它们。从本质上来说,无论什么定量分析都无法弥补或克服糟糕的研究设计,而强大的研究设计却能使定量分析受益。

6.1　定量分析的优势

正如在第 4 章中讨论的,每种类型的定量分析都有许多与特定目的相关的优势,但定量分析也有其普遍优势。定量分析的潜在优势主要包括做出关于假设和研究问题的决策,并向人们传达这些假设和研究问题的检验。

定量分析的主要优势在于它们提供了一个结构化的过程,用于根

据数据对研究问题和假设进行系统的决策（Abelson，1995）。换句话
说，他们提供了一套假设应该如何被评估的规则。为了支持一个假设，
研究人员必须获得数据，并使用标准化的步骤严格分析这些数据。尽
管存在一些反对意见（Harlow et al.，1997；Shrout，1997），但是零假
设着重于检验过程，特别是与其他证据（如效应量和统计功效）相结合
时，有助于将其支持真正零假设和不支持错误的零假设的似然最小化。

定量分析为研究人员提供了一个标准化的和统一的系统，以便于
他们对检查数据的过程进行交流（Scherbaum，2005）。当一位研究人
员指出，对一项实验性研究的数据进行了 t 检验时，其他研究人员可以
相当具体和详细地了解这些数据的处理过程和结论的准确性。例如，
如果研究人员报告 t 检验的 p 值为 0.20，其他研究人员知道拒绝零假
设不是一个合理的结论。此外，这种标准化的交流促进了研究成果在
荟萃分析和研究综合方法中的积累。

值得注意的是，虽然定量分析的使用会限制其支持的假设的主观
性，但并没有消除这种假设。定量分析中的一些步骤涉及了选择，如决
定去除异常值，决定是使用单尾还是双尾检验，决定在哪里设置 α 水
平，以及哪些不相关的变量应该被列为协变量。虽然这些选项固有地
表明了主观性，但定量分析通常以透明化的选项来实施与报告。这么
做的好处有，首先，它有助于其他研究人员独立地评估哪些假设支持的
分析和结论是合理和适当的；其次，这种透明化还允许其他研究人员使
用相同的数据或不同的数据来复制彼此的分析。评估、精确地比较和
概念复制的能力对于任何领域中的科学进步及理论的发展都是至关重
要的。不能独立复制的研究问题和假设将失去其在相关领域的支持，
无法被进一步研究。最后，明确的决策点有助于确保研究领域有一定
程度的自我监督和修正的能力。被同行认为是不合适的研究选择和推
论将无法在特定的领域内传播和认可。

定量分析的使用与许多领域的"基于证据的"做法是一致的，这些
领域越来越依赖于定量分析后的数据作为建议和实践决策的基础
（Pfeffer and Sutton，2006）。定量分析为将实证分析、趣闻和有限的
个人经验作为依据的研究方式提供了新的选择。它们还为决策者提供

了一种可以从大量已发表的和在线材料中的商业和管理问题中找出
"良好"依据的方法。定量分析支持的证据为决策者提供了评估结果的
手段,并有助于确保这些结果不是偶然实现的。通过使用普通最小二
乘回归线性回归模型,决策者能够轻而易举地转换,并根据本地数据进
行预测。此外,通过使用某些定量分析(如交互效应),决策者能够准确
指出可能影响某些干预措施、政策或计划的有效性的背景因素。当使
用来自其他商业或组织背景的依据时,它帮助决策者决定这些干预措
施、政策或计划是否可能在自己的特定业务或组织环境下取得成功,这
是非常重要的。

6.2 定量分析的局限性

虽然定量分析有许多优势,但这不代表它没有潜在的局限性。它
们的潜在限制主要涉及使用定量分析的要求,以及在定量分析的任何
应用中是否满足这些要求。正如第 2 章所讨论的那样,定量分析主要
局限于认识论视角,支持将样本数据推广到总体,而且可以将个体数据
进行汇总。因此,使用定量分析需要一定程度的后实证主义观点或至
少一些关键要素,例如可能存在的客观现实的立场。所以,定量分析仅
限于研究符合后实证主义和一些解释性观点(如符号互动)的问题。若
研究人员不接纳这些观点,可以考虑其他分析和解释数据的方法。

由此可见,所有的定量分析都要求数据是量化的,不同的分析对数
据的性质有不同的要求。如果数据是定性的(例如叙述、访谈记录、描
述性观察),那么它们就不适合进行定量分析,除非它们以某种方式被
量化,例如内容分析或文本挖掘。然而,重要的是要记住,量化固有的
定性数据可能不符合研究的认识论视角,或者会消除与数据相关的重
要背景条件。此外,一些研究问题更加有利于定性数据,或者从定性数
据的使用中获益很大,以此作为后续指导量化问题的出发点。例如,如
果一个组织希望更好地理解员工离职的原因,离职面谈是一个非常有

用的信息来源。在收集了几次访谈的数据之后,研究人员可能对未来
定量分析中包含的变量有更好的了解(例如,如果许多人提到薪水是离
职的原因,那么可以根据营业额对薪水进行定量分析,看看变量之间是
否确实存在数量上的联系)。因此,单纯使用量化方法有时可能过于宽
泛,定性研究可能成为初始引导资源。除了要求数据是量化的,大多数
分析要求数据采取特定的数值测量。本书涵盖的大部分分析要求使用
定距或定比测量尺度来测量因变量的数据。某些类型的数据不适合这
种测量形式。

本书涵盖的大部分定量分析要求研究人员对总体中因变量的分
布,以及某些情况下的自变量做出一些假设。虽然在这里没有详细讨
论这些假设的具体假设和检验,但它们是定量分析的关键部分。例如,
许多定量分析做出了许多不同的假设,包括变量在总体中是正态分布,
被比较群体的差异性在总体中是一致的,或者变量之间的关系是线性
的。大多数的统计软件包含对这些假设的可行性进行的诊断测试。然
而,进行这些诊断测试也需要一定的主观性,因为没有确定的规则或指
南来满足假设。鉴于这些诊断测试的结果将决定某项研究是否适合进
行定量分析,这种主观性的来源还是具有很大的影响力。研究人员
需要仔细考虑这些测试的结果,以确定是否继续进行分析和解释定量
分析的结果,以及如何适当地进行解释。研究人员也应该清楚地传达
所做的选择,以便其他研究人员进行评估。

尽管标准化被认为是定量分析的一个强项,但这并非没有限制。
在零假设的显著性检验中,研究人员对于拒绝零假设(即 α 水平)的可
接受概率值先验地设定了固定规则。如果 α 设置为 0.05,则当概率值
为 0.052 时将无法拒绝零假设,而在另一项研究中获得的 0.048 的概率
则会导致拒绝零假设。事实上,这两项研究的结果是非常相似的,但是
可以得出非常不同的结论(例如,干预是成功的还是不成功的)。出于
这个原因,我们建议研究人员在假设显著性检验中选取有效的样本大
小,并且仔细考虑研究的样本大小是否能够避免 II 类错误。同样的,
零假设显著性检验的过程必然会遇到 I 类错误。因此,在任何一项研
究中,都有可能会错误地拒绝零假设。我们建议使用多个样本反复多

次进行定量分析以缓解这个问题。

最后,定量分析的重点是一系列或一群个体,而不是个别情况。尽管描述性定量分析可以用于从单个个体进行的重复测量,但是推论性定量分析不适合于单个个体(如果存在个体的群组,它们将是合适的)。除回归分析外,没有任何分析可以提供关于给定个体的信息。他们提供的是有关个体所属群体类型的信息。此外,定量分析要求样本量大于 10,并且在大多数情况下要大得多。然而,这样大小的样本可能不适用于某些总体和研究问题。在这些情况下,推论性的定量分析不适合选择。

6.3 评估定量分析

研究的有效设计和执行是许多不同选择的结果,而这些选择的描述已经贯穿全书了。研究人员应该在研究的每一个步骤仔细评估这些选择,以确保最终达到的结果可以用来检验假设(Aguinis and Vandenberg, 2014; Aguinis et al., 2010; Buchanan and Bryman, 2007)。除了在设计过程中对研究进行评估之外,研究人员还需要在研究完成时进行仔细地评估。在这一阶段,评估的重点不是选择,而是这些选择对研究结果的影响,从这些结果中得出的解释是否恰当,以及所选的定量分析是否存在特定的局限。因为如何恰当使用和解释定量分析已经超出了专业知识的范畴,这一类的评估的重要性可能会不被理解。因此,定量分析的结果很容易被缺乏专业知识的人误解。

当研究和定量分析完成时,有很多标准可以用来评估它们。(Campion, 1993; Desrosiers et al., 2002)。有一些标准是直接的,比如所选的分析是否适合数据,以及分析是否能够产生与研究问题相关的结果。当然还有一些不够直观的标准。本章将集中讨论几个不太直观的标准,我们建议研究者在评估研究、定量分析和推论时应该仔细考虑使用这些标准。

6.3.1 哲学和理论标准

正如第 2 章和本章之前所述,研究人员需要仔细考虑自己的立场是存在论还是认识论,以及确定它们与普遍的定量分析还是与特殊的描述性或推论性定量分析相容。这同样也适用于解释定量分析结果。解释应与所采纳的观点相一致。如果这个观点不支持概化,那么对定量分析的解释应该是对给定样本的描述(参见表 2.1)。举例来说,因为诠释学观点不支持在收集数据的环境之外概括结论,所以推理性定量分析用在这里是不相容的。再举另一个例子,当数据具有客观属性不需要主观判断时,批判现实主义可以与描述性或推理性的定量分析相兼容,否则就不兼容。研究人员需要评估使用定量分析的程度,从而决定是否允许进行这些类型的比较(参见表 2.1)。

研究人员还需要根据定量分析解释的理论基础来评估他们的研究。虽然定量分析总能产生结果,但这些结果的意义取决于研究如何设计检验的理论。可是研究往往会得到意想不到或违背直觉的结果。这些情况会诱使我们去寻找一种理论来匹配所观察到的数据模式(即事后理论化)。当最初计划的分析没有统计意义时,也会有诱使我们去进行每个可能的分析。我们非常反对研究人员进行事后理论和用数据"钓鱼"。这些类型的结果可能会偶尔导致奇特的观点出现,并推翻研究的可复制性。在大多数情况下这会导致研究只能被侥幸地完成,不能被复制。所以这类研究对于商业和管理研究的发展没有什么价值。

6.3.2 统计结论效度

统计结论效度与对自变量与因变量之间本质关系的推论的适切性有关(Austin et al., 1998; Cook and Campbell, 1979)。在评估研究的统计结论效度时,研究者应该考虑一些特定的因素。首先是 I 类和 II 类错误的概率。比如研究人员应该考虑从检验中获取统计功效,这和第 3 章讨论的统计功效的先验计算完全不同。定量分析的实际功效可能比研究计划阶段所估计的多很多或少很多。如果做出错误拒绝零假设的决定，那么这个决定的原因之一是统计功效低吗？当样本容量小，效应量大时，低统计功效的影响值得认真考虑。是否已经充分考虑了Ⅰ类错误的复合效应？如果执行了 20 次 t 检验，那么至少出现一次Ⅰ类错误的概率是 1.0。是否采取措施来管理全部的Ⅰ类错误率来帮助控制错误率或调整统计显著性水平，比如使用定量分析？

第二，正如本章前面所讨论的，接下来是定量分析假设的可行性。第三是测量变量的质量。测量结果的可靠性对定量分析的解释具有相当大的影响。如果这些测量分数表明可靠性很低，就应该非常谨慎地做出解释。研究人员还应该考虑变量范围的限制程度，这些限制可能会出现在检验数据中。范围限制的存在通常会缩减得到的检验结果的重要性，但也可能增加重要性。

第四，研究者应该考虑零假设的基本结论。是否只使用了统计显著性检验或使用了多样化的信息？如第 2 章所述，除了统计显著性检验之外，还应使用效应量、统计功效和置信区间。

6.3.3 研究方法和设计标准

如第 3 章所述，研究的设计和方法对得到的结论性质有非常大的影响。因果解释只能从实验设计中得到。正如第 5 章所讨论的，非实验研究经常使用"类似因果关系"的术语来描述研究结果。例如，"受……影响""可归因于"或"可以解释为"等术语经常被用来描述自变量和因变量之间的关系。研究人员需要仔细考虑哪些类型的结论可以用于特定的研究设计，以及得出什么样的结论，并且要确保它们是一致的。

与这个因素相关的是定量分析和设计排除观察到的数据模式的替代解释的程度。例如，是否存在第三个变量能够影响检验中所观察到的关系，并在可能的程度上进行了检验并排除？有不可控因素可能会影响考虑和检验的因变量吗？特别是对于非实验研究而言，替代解释很少被完全排除。研究人员应该采取一切可能的措施来测试这些替代方案的可能性,以建立对研究人员所希望推论的信心。此外,研究人员应该考虑现象的本质与定量分析之间的一致性。商业和管理研究中的许多研究问题涉及随着时间推移而展开的动态过程。然而并非所有的定量分析都适合于检查动态过程。比如动态过程显示一种称为自相关的模式,其中来自一个时间点的观察值与时间上的上一个和下一个观测值有关,也就是说这不是独立的观察。许多定量分析都假定观察是相互独立的。研究人员应该仔细考虑理论过程、研究设计和定量分析之间的一致性,以确保解释能够符合设计和分析所支持的内容。

研究人员还应该从样本的性质和对研究设计的所有限制方面,从定量分析中仔细评估推论和归纳的性质。就样本而言,研究人员应该考虑样本是否支持对总量的推论。这实际上是一个样本代表性的问题。代表性应根据样本的特点和研究问题进行评估。比如,一些研究问题集中于所有个体的共同基本过程(例如,压力下的情绪调节)。在这些情况下,各种样本都可能是适合的(例如大学生)。其他的研究问题是具有前后关系的,需要非常具体的样本(例如,最高管理层如何做出有关并购活动的决定)。研究往往只根据样本特征进行评估,当使用特定样本时会出现负面反应(例如,大学生;Greenberg,1987)。考虑到研究问题,研究人员应仔细考虑可从样本中得出的推论。同样,所有的研究都有限制,没有完美的研究。因此,定量分析的结果应该根据其局限性来解释。例如,如果在实验研究中引入了一个意外的混淆,那么因果关系的解释就需要以一种与混淆一致的方式来进行。

6.3.4　其他准则

除了概念、数量和设计准则之外,还有一些更普遍的标准,所有研究者都需要考虑。首先,所有的研究人员在解释他们需要认识的研究方面都存在偏见。偏见来源于研究人员为研究假设找到支持的希望。人们需要评估他们的解释,特别是当结果不清楚的时候,以确定他们所希望的解释优于其他同样可行的解释的程度。我们永远无法完全消除这种偏见,但可以通过仔细考虑并尽量减少影响来最大限度地减少这种偏见。

研究人员还应该考虑从道德层面来构建和解释定量分析的结果。研究人员应该准确地报告定量分析的结果,同时避免操纵数据产生预期的结果。研究人员可以使用定量分析来支持能够对数据进行充分处理的假设(Huff,1954)。研究人员有责任忠实地报告定量分析中所采取的实际步骤、做出的选择和对假设的支持。鉴于存在一种拒绝零假设的极端偏好,所以大的或小的违背道德的行为是可能存在的,需要加以防范。

定量分析的解释可以在两个维度上进行。一是统计学意义,也就是说假设是否得到支持;二是现实意义,也就是说结果对于整个世界意味着什么。实际意义往往与所进行的定量分析的效应量有关。然而效应量的大小并不能自动地发现实际意义。很多情况下,小的效应是非常重要的(Abelson,1985;Prentice and Miller,1992)。例如如果一种治疗癌症的药物的效应量增加了 0.50%,那么病人的生命可以得到极大的延续。

在许多情况下,关于零假设的决定与效应量之间会存在一致性。比如将会有一个大效应量,我们拒绝零假设。在这种情况下,关于实际意义的决定是相当直接的。在统计显著性和效应量不一致的情况下,这变得更加困难。这种情况的一个著名的例子是原始医学研究检查服用阿司匹林对心脏病发作的影响。结果没有统计学意义(由于样本量小),但效应量特别大。研究人员决定在这种情况下根据效应量得出结论。研究人员在对结果的含义做出结论时,应该仔细考虑统计显著性和效应量。

6.4 小结

在本书中,我们试图为学生、研究人员和从业人员提供理解当前正在使用的定量分析方法的基础。我们的指导侧重于人们需要考虑的因素、应该采取的步骤,以及在进行定量分析时必须做出的决定。现在人们可能会认识到,关于定量分析的选择从来都不简单。它们涉及一个人的认识论立场、研究设计和数据的性质。正是这些相互关系和概念方面构成了定量分析选择的核心。但是在很多时候处理定量分析时,这些关键方面往往被忽视。

随着软件的广泛应用,使得不是专家的人们也能够进行定量分析,了解人们对定量分析的选择从未如此重要。定量分析是一个强大的工具,可以提供广泛的研究问题的见解。但是它们也导致了许多不正确结论的产生,对科学、商业和社会产生了重大影响(Huff,1954)。遵循本章提出的准则,研究人员在进行定量分析时,对于他们可以做什么和不可以做什么,要谨慎小心。这最终将使用定量分析的人和了解定量分析的人区分开来。我们希望本书的读者能够争取成为了解定量分析的一员。

词汇表

Alpha(α)

零假设显著性检验中与 I 类错误相关的概率。另请参阅:I 类错误。

备择假设

研究者希望发现的关于总体中关系、差异或关联的存在性的陈述,也称为研究假设。另请参阅:零假设。

方差分析(ANOVA)

一种参数分析,用于在比较自变量的两个或多个条件或水平时,检验两个或多个平均值之间的差异,并使用定距或定比尺度来测量因变量。

档案数据源

研究者最初是为了其他目的收集的数据,也称为二手数据。另请参阅:原始数据源;二手数据源。

条形图

当数据可能不连续或按名义、定序、定距尺度测量时,频率表的图形表示。

Beta(β)

零假设显著性检验中与 II 类错误相关的概率。另请参阅:II 类错误。

组间设计

参与者只在一种实验条件下被试的研究设计。另请参阅:组内设计。

组间方差

方差分析中归因于组间差异的方差。另请参阅:组内方差。

双序列相关

当两个变量都是序数时可以计算的相关性。另请参阅:相关。

箱线图

一个图表,使用箱子表示分布的中间数据的 50%,箱子上的线则表示上下 25%。

独立卡方检验

当研究设计为组间设计时,用于检验变量之间相关性的非参数分析,比较自变量条件的任意数量(即可以仅使用两个条件或两个以上的条件),并使用名义尺度来测量因变量。

整群抽样

一种概率抽样方法,在这种方法中,一个更高层次的分组(称为群)被抽样,然后从所选群中的各个要素中收集数据。另请参阅:概率抽样。

构念

为解释对象、事件或人物的属性的差异、共同点或模式而提取出的抽象概念。

方便抽样

一种非概率抽样方法,其中样本是由研究者可以随时得到的要素构成的。另请参阅:非概率抽样。

相关

对同一或不同测量尺度上两个变量之间关系的方向和程度的标准化指数的分析。

协方差

同一或不同测量尺度上两个变量之间关系的方向和程度的非标准化指数。

准则

一个要预测结果的变量。非实验研究中的准则类似于实验研究中的因变量。另请参阅：预测因子。

临界值

统计数据的抽样分布值，用作拒绝零假设的阈值。另请参阅：零假设显著性检验。

自由度

在计算定量分析公式的分量时，数据集中可以自由变化的值的数量。

因变量

研究人员在所有类型的研究设计中测量的变量。另请参阅：自变量。

描述性定量分析

可用于将大量数据压缩成一组较小数字的技术，用来表示数据中典型的数据和数据中的变量数量。

效果量

差异、关联或关系的标准化指数。

认识论

对知识的本质，以及如何创造知识的哲学研究。另请参阅：本体论。

期望频数

基于给定类别的总体中百分比的预期频率。

实验

一种研究设计,研究人员控制一个自变量,并随机将个体分配到各实验条件中。

F 检验

作为方差分析(ANOVA)的一部分,为确定两种或多种平均值之间的差异而进行的分析,也用于检验回归方程的显著性。另请参阅:方差分析。

证伪原则

理论和假设永远无法被证明是真的,只能被证明是假的。

频率

变量的每个观察值的观察次数的计数。

直方图

当数据是连续的,并且在测量的定距或定比尺度上,频率表的图形表示。

假设

关于总体中变量之间的预期关系、关联或差异的可验证性陈述。

独立 t 检验

当研究设计为组间设计时,用于检验两个均值之间差异的参数分析,仅比较独立变量的两个条件或维度,并使用定距或定比测量尺度测量因变量。

自变量

在实验和准实验研究中由研究者控制的变量。另请参阅:因变量。

推理性定量分析

旨在支持使用零假设和概率从一个总体的样本中获得的数据对该总体进行推理的分析。

四分位数间距

分布的中间 50%(即分布中的第 25 百分位数至 75 百分位数)。

交互作用

两个或多个自变量对因变量的联合影响。

定距测量尺度

使用数字来获得等级序列的测量尺度,任何两个测量单位之间的距离是相等的,但是数字不包含真正的零点。另请参阅:测量尺度。

科尔莫戈罗夫—斯米尔诺夫检验

一种可以确定观察到的分布是否不同于正态分布、均匀分布、指数分布或泊松分布的分析方法。

峰度

反映分布相对于对称分布的指向或平坦程度的统计量。

主效应

自变量对因变量的独立影响。

曼-惠特尼 *U*

当研究设计为组间设计时,用于测试中位数和数据排列差异的非参数分析,仅比较了自变量的两个条件或维度,并使用定序测量尺度测量因变量。

平均值
一组数据的算术平均值。

测量
按照一组规则将对象、事件或人的特性或属性赋予数字。

中位数
将分布分成两半的数据中的值,代表一组数据的第 50 百分位数。

众数
一组数据最常出现的值(即最频繁出现的值)。

多模态
包含多个模式的分布。

多阶段抽样
聚类分析的一种变体,其中在第一阶段群是随机抽样的,然后在群中随机抽取要素(例如,更窄的集群或个体要素)。另请参阅:概率抽样。

多元回归
使用多个预测因子通过散点图构建最佳拟合线方程的分析。

负偏态分布
遵循分布的尾部指向变量可能值下端的模式的分布。另请参阅:正偏态分布。

名义测量尺度
使用数字来表示不同类别的测量尺度,但是数字没有固有的意义。

另请参阅：测量尺度。

非实验

一种研究设计，其中没有对自变量的控制。

非参数定量分析

不对潜在总体中具有已知特征的特定分布形式进行假设的分析。另请参阅：参数定量分析。

非概率抽样

抽样方法，在这种方法中，元素被选为样本的概率都是未知的。

零假设

没有关系、差异或关联的陈述，这是在定量分析中被直接检验的假设。另请参阅：备择假设；研究假设。

观察频数

作为卡方分析的一部分，在一组数据中观察到的实际频率。

单尾检验

一种方向假设，其中指定了两个变量之间差异的方向。另请参阅：双尾检验。

本体论

对现实的本质及其研究方法的哲学研究。另请参阅：认识论。

定序测量尺度

使用数字来获得等级序列的测量尺度，但是数字之间的距离未知且不固定。另请参阅：测量尺度。

普通最小二乘回归

一组常用的回归公式,用于最小化标准预测值和实际值之间的均方差。

异常值

一组数据中的极限分数。

配对 *t* 检验

当研究设计为组内设计时,用于检验两个均值之间差异的参数分析,仅比较自变量的两个条件或维度,使用定距或定比测量尺度来测量因变量。

参数定量分析

对潜在总体中具有已知特征的特定分布形式进行假设的分析。另请参阅:非参数定量分析。

偏相关

用于在统计学上剔除第三个变量的影响的同时,在相同或不同的测量尺度上索引两个变量之间关系的方向和幅度的分析。另请参阅:相关。

Phi 系数

当两个变量都是二分的(表示为 φ),能够被计算出的相关系数。另请参阅:相关。

点双列相关

当一个变量是二分变量,而另一个变量是在定距或定比尺度上测量时,可以计算出来的相关系数。另请参阅:相关。

合并方差

两个独立组的方差的样本量的加权平均值。

总体

关注于特定研究问题的全部群体。

正偏态分布

遵循分布尾部指向变量可能值高端的模式的分布。另请参阅:负偏态分布。

事后检验

当方差分析具有显著性差异时,用于检验两个均值之间差异的参数分析。

预测因子

用于预测结果的变量。非实验研究中的预测变量类似于实验和准实验研究中的自变量。另请参阅:准则。

原始数据源

作为特定研究的一部分,研究人员收集的数据。另请参阅:档案数据源;二手数据源。

概率

特定结果发生的可能性,范围从 0.00(没有发生结果的可能性)到 1.00(结果肯定会发生)。

概率抽样

抽样方法,其中抽样框架的每个因素都有一个非零的概率被选为样本,概率是已知的。

立意抽样

一种非概率抽样方法,其中专业人士确定识别代表总体的特定元素或集群。另请参阅:非概率抽样。

定量分析

用于将大量数据减少到更易于管理的形式，使人们能够得出关于数据模式的结论和见解的程序和规则。

准实验

一种研究设计，包括对自变量的控制，但对个体不是随机分配到不同条件的，或者操作不受研究者的控制。

配额抽样

一种非概率抽样方法，其中对具有特定特征的固定数量的样本元素进行抽样。另请参阅：非概率抽样。

随机分配

使用随机过程来确定在实验中哪些个体被分配到不同的条件。

全距

变量的总可变性，由一组数据中最大值和最小值之间的距离来标定。

等级双列相关

当一个变量是等级（序数）而另一个变量在测量的定距或定比尺度上时，可以计算的相关性。另请参阅：相关。

定比测量尺度

用数字来获得等级顺序的测量尺度，任意两个测量单位之间的距离相等，数字包含一个真正的零点。另请参阅：测量尺度。

研究假设

研究者希望发现的关于总体中存在关系或差异或关联的陈述，也称为备择假设。另请参阅：零假设。

样本

被选择参与研究的总体的子集。另请参阅：总体。

样本量

给定定量分析中使用的数据集中的观察数量。

抽样

识别和选择样本的过程。

抽样分布

用于计算零假设显著性检验中的概率的统计分布。

抽样误差

抽样统计数据与总体中相应参数的差异程度。

抽样框

总体中可用于对要素进行抽样的个体要素的列表。

测量尺度

为对象的属性、事件或人物赋值的数值的性质。

散点图

在二维平面上同时绘制两个变量位置的图。

二手数据源

研究人员最初是为其他目的收集的数据，也称为档案数据。另请参阅：档案数据源；原始数据源。

夏皮罗—威尔克斯检验

一种可以确定观察到的分布是否不同于正态分布的分析方法，当样本量很小时尤其有用。

简单随机抽样

一种概率抽样方法,抽样框架的每个要素被选为样本的概率相同。另请参阅:概率抽样。

简单回归

使用单个预测因子通过散点图构造最佳拟合线方程的分析。

单因素独立方差分析

当研究设计是组间设计时,对两个以上的自变量的条件或维度进行比较,只有一个自变量,且使用定距或定比测量尺度对因变量进行测量,用于检验均值之间差异的一种参数分析。

单因素重复测量方差分析

当研究设计是组内设计时,比较两个以上的自变量的条件或维度,只有一个自变量,且使用定距或定比尺度测量因变量,用于检验平均值之间差异的一种参数分析。

偏度

反映分布对称程度的统计量。

滚雪球抽样

一种非概率抽样技术,首先联系一个初始样本参与,然后要求向他们社交和专业网络中的其他人发出参与这项研究的邀请。另请参阅:非概率抽样。

斯皮尔曼 Rho

当两个变量都以等级衡量时,可以计算出来的相关系数。另请参阅:相关性。

标准差

基准点与平均值的平均偏差和方差的平方根。

平均值的标准误差

平均值抽样分布的标准偏差。

统计功效

当零假设在总体中为假时,正确拒绝零假设的概率$(1-\beta)$。另请参阅:Beta。

茎叶图

一种频率表的图形表示,其中图形是垂直显示的,并使用数据中的实际数值构建,使用一个值作为图中的主干,并且使用末位数字用于创建分支。

分层抽样

一种概率抽样方法,根据要素的特性将抽样框分成多个层,然后在每个层中进行随机抽样。另请参阅:概率抽样。

对称分布

遵循对称模式的分布,其中分布的右侧和左侧是彼此的镜像。

系统抽样

一种概率抽样方法,其中抽样框架中要素的选取不是完全随机的,并且以固定间隔的重复模式选择样本。另请参阅:概率抽样。

双因素独立方差分析

一种参数分析,用于测试研究设计为组间设计时的均值差异,比较自变量有两个以上的条件或维度,有一个以上的自变量,并且使用定距或定比测量尺度测量因变量。

双尾检验

一种非定向假设,其中没有指明差异、关联或关系的方向。另请参阅:单尾检验。

I 类错误

关于零假设的错误决定,在这种情况下,零假设在总体中是真的,不应该被拒绝。另请参阅:Alpha。

II 类错误

关于零假设的错误决定,在这种情况下,零假设在总体中为假,应该拒绝它,但却没有拒绝。另请参阅:Beta。

变量

对象、事件或人的特性或属性,它们可以具有不同的值。

方差

基准点与平均值的平均平方偏差。

组内设计

一种研究设计,其中被试者被包含在一个以上的实验条件中(也称为重复测量设计)。另请参阅:组间设计。

组内方差

在方差分析中归因于组内个体之间差异的方差。另请参阅:方差分析;组间方差。

z 分数

代表基准点偏离平均值的标准偏差数的标准化分数。

附录：Excel 公式

定量分析	Excel 函数语法	描　　述
卡方	＝CHISQ. TEST（actual range，expected range）	此函数用于计算卡方。使用这个函数必须指定观察频数和期望频数。
卡方分布	＝ CHISQ. DIST. RT （chi-square value，df）	此函数用于计算一组数据上与卡方检验相关的概率。使用此函数必须指定卡方值和自由度。
相关性	＝CORREL（variable 1 data，variable 2 data）	此函数用于计算皮尔逊相关系数。
累计频数	＝FREQUENCY（variable data，value to count）	此函数用于计算特定变量的累计频数。
F 分布	＝F.DIST.RT（F value，$df_{between}$，df_{within}）	此函数用于计算一组数据上与 F 检验相关的概率。使用此函数必须指定 F 统计量的值、组间的自由度、组内的自由度。
频数	＝ COUNTIF（variable data，value to count）	此函数用于计算特定变量的频数。
峰态	＝KURT（variable data）	此函数用于计算数据集的峰态。
最大值	＝MAX（variable data）	此函数用于计算数据集的最大值。
平均值	＝ AVERAGE（variable data）	此函数用于计算数据集的平均值。
中位数	＝ MEDIAN（variable data）	此函数用于计算数据集的中值。
最小值	＝MIN（variable data）	此函数用于计算数据集的最小值。
众数	＝MODE（variable data）	此函数用于计算数据集的众数。

定量分析	Excel 函数语法	描 述
回归分析	=linest(Y variable data, X variable data, include constant, report statistics)	此函数用于计算包括所有相关统计检验的简单或多元普通最小二乘回归方程。要使用此函数，必须确定 Y 变量的数据和 X 变量的数据，表示截距应该（TRUE）还是不应该（FALSE）包含在模型中。此外，还表示应该（TRUE）或不应该（FALSE）计算相关的统计分析。报告的统计数据包括每个回归项的标准误，R 平方和估计的标准误。要使用该函数，必须在输入公式组件时按下 CTRL＋SHIFT＋ENTER。
决定系数	=RSQ(Y variable data, X variable data)	此函数用于计算相关系数的平方。
偏态	=SKEW(variable data)	此函数用于计算数据组的偏态。
标准差	=STDEV. S（variable data)	此函数通过对样本的计算得到一组数据的标准差。
t 分布	=T. DIST. 2T（calculated t-value, df)	此函数用于计算一组数据上的 t 检验相关的概率。使用此函数必须指定 t 统计量和自由度的值。
t 检验	=T. TEST（data for group 1, data for group 2, tails, type of t-test）	此函数用于计算与一组数据上的 t 检验相关的概率。它直接计算概率，不报告 t 值。要使用这个函数，必须通过输入 1 或 2 来指定是单尾还是双尾假设，还必须指出 t 检验的类型。选项包括配对 t 检验（1），满足方差齐性的独立 t 检验（2），和不满足方差齐性的独立 t 检验（3）。
方差	=VAR. S（variable data)	此函数通过对样本的计算得到一组数据的方差。
z 分布	=NORM. S. DIST（Z, True）	此函数用于计算与 z 分数相关的概率。要使用此函数，必须指定 z 统计量的值和概率计算的类型，其中 TRUE 返回累积概率函数，而 FALSE 返回概率密度函数。
z 分数	=STANDARDIZE（score, mean, standard deviation）	此函数用于计算给定均值和标准差的 z 分数。使用此函数，必须确定分数、平均值和标准差。

参考文献

Abelson, R. P. (1985) A variance explanation paradox: When a little is a lot, *Psychological Bulletin*, 97(1): 129—133.

Abelson, R. P. (1995) *Statistics as Principled Argument*. Hillsdale, NJ: Lawrence Erlbaum.

Abelson, R. P. (1997) On the surprising longevity of flogged horses: Why there is a case for the significance test, *Psychological Science*, 8(1): 12—15.

Aguinis, H. and Edwards, J. R. (2014) Methodological wishes for the next decade and how to make wishes come true, *Journal of Management Studies*, 51(1): 143—174.

Aguinis, H. and Vandenberg, R. J. (2014) An ounce of prevention is worth a pound of cure: Improving research quality before data collection, *Annual Review of Organizational Psychology and Organizational Behavior*, 1: 569—595.

Aguinis, H., Werner, S., Abbott, J. L., Angert, C., Park, J. H., and Kohlhausen, D. (2010) Customer-centric science: Reporting significant research results with rigor, relevance, and practical impact in mind, *Organizational Research Methods*, 13(3): 515—539.

Alison, P. (2001) *Missing Data*. Thousand Oaks, CA: Sage.

Austin, J., Boyle,K., and Lualhati, J. (1998) Statistical conclusion validity for organizational science researchers: A review, *Organizational Research Methods*, 1(2): 164—208.

Ayers, I. (2008) *Super Crunchers: Why Thinking-By-Numbers is the New Way To Be Smart.* New York: Bantam.

Baughn, C., Neupert, K., and Sugheir, J. (2013) Domestic migration and new business creation in the United States, *Journal of Small Business & Entrepreneurship*, 26(1): 1—14.

Buchanan, D. and Bryman, A. (2007) Contextualizing methods choice in organizational research, *Organizational Research Methods*, 10(3): 483—501.

Buchanan, D. and Bryman, A. (2009) The organizational research context: Properties and implications, in D. Buchanan and A. Bryman (eds), *Handbook of Organizational Research Methods.* London: Sage, pp. 636—653.

Campion, M. A. (1993) Article review checklist: A criterion checklist for reviewing research articles in applied psychology, *Personnel Psychology*, 46: 705—718.

Carver, R. P. (1993) The case against statistical significance testing, revisited, *Journal of Experimental Education*, 61 (4): 287—292.

Cashen, L. and Geiger, S. (2004) Statistical power and the testing of null hypotheses: A review of contemporary management research and recommendations for future studies, *Organizational Research Methods*, 7(2): 151—167.

Cohen, J. (1988) *Statistical Power Analysis for the Behavioral Sciences.* Hillsdale, NJ: Lawrence Erlbaum.

Cohen, J. (1992) A power primer, *Psychological Bulletin*, 112(1): 155—159.

Cohen, J. (1994) The earth is round (p<0.05), *American Psychologist*, 49(12): 997—1003.

Cohen, J., Cohen, P., West, S. G., and Aiken, L. S. (2003) *Applied Multiple Regression/Correlation Analysis for the Behavioral Sci-*

ences (3rd edn). Hillsdale, NJ: Lawrence Erlbaum.

Combs, J. G. (2010) Big samples and small effects: Let's not trade relevance and rigor for power, *Academy of Management Journal*, 53(1): 9—13.

Cook, T. D. and Campbell, D. T. (1979) *Quasi-Experimentation: Design and Analysis Issues for Field Settings*. Boston: Houghton Mifflin.

Cortina, J. and Landis, R. (2011) The earth is not round (p= 0.00), *Organizational Research Methods*, 14(2): 332—349.

Davenport, T. and Harris, J. (2007) *Competing on Analytics: The New Science of Winning*. Boston: Harvard Business Press.

Davenport, T. and Patil, D. (2012) Data scientist: The sexiest job of the 21st century, *Harvard Business Review*, 90(10): 70—76.

DeCarlo, L. T. (1997) On the meaning and use of kurtosis, *Psychological Methods*, 2(2): 292—307.

Deetz, S. (1996) Describing differences in approaches to organization science: Rethinking Burrell and Morgan and their legacy, *Organizational Science*, 7(2): 191—207.

Desrosiers, E., Sherony, K., Barros, E., Ballinger, G., Senol, S., and Campion, M. (2002) Writing research articles: Update to the article review checklist, in S. G. Rogelberg (ed.), *Handbook of Research Methods in Industrial and Organizational Psychology*. London: Blackwell, pp.459—478.

Economist, *The* (2010) The data deluge, 25 February.

Edwards, J. R. (2008) To prosper, organizational psychology should ... overcome methodological barriers to progress, *Journal of Organizational Behaviour*, 29(4): 469—491.

Edwards, J. R. and Berry, J. W. (2010) The presence of something or the absence of nothing: Increasing theoretical precision in management research, *Organizational Research Methods*, 13(4):

668—689.

Faul, F., Erdfelder, E., Lang, A.G., and Buchner, A. (2007) G*Power 3: A flexible statistical power analysis for the social, behavioral, and biomedical sciences, *Behavior Research Methods*, 39(2): 175—191.

Field, A. (2013) *Discovering Statistics using IBM SPSS Statistics*. London: Sage.

Fisher, R. A. (1938) Presidential address by Professor R. A. Fisher, Sc. D., F. R. S., *The Indian Journal of Statistics*, 4(1): 14—17.

Frick, R.W. (1996) The appropriate use of null hypothesis testing, *Psychological Methods*, 1(2): 379—390.

Gibbons, J. D. (1993) *Nonparametric Statistics: An Introduction*. Thousand Oaks, CA: Sage.

Graham, J. (2009) Missing data analysis: Making it work in the real world, *Annual Review of Psychology*, 60: 549—576.

Grant, A. (2012) Leading with meaning: Beneficiary contact, prosocial impact, and the performance effects of transformational leadership, *Academy of Management Journal*, 55(2): 458—476.

Greenberg, J. (1987) The college sophomore as guinea pig: Setting the record straight, *Academy of Management Review*, 12(1): 157—159.

Griskevicius, V., Tybur, J., and Van den Bergh, B. (2010) Going green to be seen: Status, reputation, and conspicuous consumption, *Journal of Personality and Social Psychology*, 98: 392—404.

Harlow, L., Muliak, S., and Steiger, J. (eds) (1997) *What If There Were No Significance Tests?* Mahwah, NJ: Lawrence Erlbaum.

Hox, J.J. and Boeije, H. R. (2005) Data collection, primary versus secondary, in K. Kempf-Leonard (ed.). *Encyclopedia of Social*

Measurement. San Diego, CA: Academic Press, pp.593—599.

Huff, D. (1954) *How to Lie with Statistics*. New York: W.W. Norton.

Kalton, G. (1983) *Introduction to Survey Sampling*. Thousand Oaks, CA: Sage.

Kline, R. (2004) *Beyond Significance Testing: Reforming Data Analysis Methods in Behavioral Research*. Washington, DC: American Psychological Association.

Lance, C.E., Butts, M. M., and Michels, L. C. (2006) The sources of four commonly reported cutoff criteria: What did they really say?, *Organizational Research Methods*, 9(2): 202—220.

Lee, L., Wong, P., Foo, M., and Leung A. (2011) Entrepreneurial intentions: The influence of organizational and individual factors, *Journal of Business Venturing*, 26(1): 124—136.

Lehman, E. (2011) *Fisher, Neyman, and the Creation of Classical Statistics*. New York: Springer.

Lewis, M. (2004) *Moneyball: The Art of Winning an Unfair Game*. New York: W. W. Norton.

Little, R. and Rubin, D. (2002) *Statistical Analysis with Missing Data* (2nd edn). New York: Wiley.

McAfee, A. and Brynjolfsson, E. (2012) Big data: The management revolution, *Harvard Business Review*, 90(10): 60—68.

Mayer-Schönberger, V. and Cukier, K. (2013) *Big Data: A Revolution that Will Transform How We Live, Work, and Think*. Boston: Houghton Mifflin Harcourt.

Meehl, P.E. (1978) Theoretical risks and tabular asterisks: Sir Karl, Sir Ronald, and the slow progress of soft psychology, *Journal of Consulting and Clinical Psychology*, 46(4): 806—834.

Meehl, P. (1990) Appraising and amending theories: The strategy of Lakatosian defense and two principles that warrant it,

Psychological Inquiry, 1(2): 108—141.

Menard, S. (2008) *Handbook of Longitudinal Research*: *Design*, *Measurement*, *and Analysis*. San Diego, CA: Academic Press.

Murphy, K. and Myors, B. (1998) *Statistical Power Analysis*: *A Simple and General Model for Traditional and Modern Hypothesis Tests*. Mahwah, NJ: Lawrence Erlbaum.

Murray, H.A. (1938) *Explorations in Personality*. New York: Oxford University Press.

Nunnally, J.C. (1978) *Psychometric Theory* (2nd edn). New York: McGraw-Hill.

Parker, R.A. and Berman, N. G. (2003) Sample size: More than calculations, *American Statistician*, 57:166.

Pedhazur, E. and Pedhazur-Schmelkin, L. (1991) *Measurement*, *Design*, *and Analysis*: *An Integrated Approach*. New York: Psychology Press.

Pfeffer, J. and Sutton, R. (2006) Evidence-based management, *Harvard Business Review*, 84: 62—74.

Popper, K. (1959) *The Logic of Scientific Discovery*. New York: Routledge.

Prentice, D.A. and Miller, D.T. (1992) When small effects are impressive, *Psychological Bulletin*, 112(1): 160—164.

Qayyum, A. and Sukirno, M. (2012) An empirical analysis of employee motivation and the role of demographics: The banking industry of Pakistan, *Global Business and Management Research*: *An International Journal*, 4(1): 1—14.

Rosenthal, R. (1991) *Meta-Analytic Procedures for Social Research*. Newbury Park, CA: Sage.

Salsburg, D. (2002) *The Lady Tasting Tea*: *How Statistics Revolutionized Science in the Twentieth Century*. New York: Henry

Holt & Co.

Saunders, M.N.K. (2012) Choosing research participants, in G. Symon and C. Cassell (eds), *Qualitative Organizational Research*. London: Sage, pp. 35—52.

Scherbaum, C. A. (2005) A basic guide to statistical discovery: Planning and selecting statistical analyses, in F. Leong and J. Austin (eds), *The Psychology Research Handbook: A Guide for Graduate Students and Research Assistants* (2nd edn). Thousand Oaks, CA: Sage, pp. 275—292.

Scherbaum, C.A. and Meade, A.W. (2009) Measurement in the organizational sciences, in D. Buchanan and A. Bryman (eds), *Handbook of Organizational Research Methods*. London: Sage, pp.636—653.

Scherbaum, C. and Meade, A. (2013) New directions for measurement in management research, *International Journal of Management Reviews*, 15:132—148.

Schmidt, F.L. and Hunter, J.E. (1997) Eight common but false objections to the discontinuation of significance testing in the analysis of research data, in L. Harlow, S. Muliak and J. Steiger (eds), *What if There Were No Significance Tests*? Mahwah, NJ: Lawrence Erlbaum, pp.37—64.

Sengupta, S. and Gupta, A. (2012) Exploring the dimensions of attrition in Indian BPOs, *The International Journal of Human Resource Management*, 23(6): 1259—1288.

Shockley, K. M. and Allen, T. D. (2010) Uncovering the missing link in flexible work arrangement utilization: An individual difference perspective, *Journal of Vocational Behavior*, 76:131—142.

Shrout, P. E. (1997) Should significance tests be banned? Introduction to a special section exploring the pros and cons, *Psychological Science*, 8(1): 1—2.

Siegel, E. (2013) *Predictive Analytics*. New York: Wiley.

Siegel, S. and Castellan, N. (1998) *Nonparametric Statistics for the Behavioral Sciences* (2nd edn). New York: McGraw-Hill.

Stevens, S. S. (1968) Measurement, statistics, and schemapiric view, *Science*, 56: 849—856.

Taleb, N. (2007) *The Black Swan: The Impact of the Highly Improbable*. New York: Random House.

Tukey, J. (1977) *Exploratory Data Analysis*. Reading, MA: Addison-Wesley.

Tzelgov, J. and Henik, A. (1991) Suppression situations in psychological research: Definitions, implications, and applications, *Psychological Bulletin*, 109(3): 524—536.

Wagner, D. T., Barnes, C. M., Lim, V. G., and Ferris, D. (2012) Lost sleep and cyberloafing: Evidence from the laboratory and a daylight saving time quasi-experiment, *Journal of Applied Psychology*, 97(5): 1068—1076.

Walla, P., Brenner, G., and Koller, M. (2011) Objective measures of emotion related to brand attitude: A new way to quantify emotion-related aspects relevant to marketing, *PLoS ONE*, 6(11): e26782. doi:10.1371/journal.pone.0026782.

Winer, J., Brown, D., and Michels, K. (1991) *Statistical Principles in Experimental Design*. New York: McGraw-Hill.

Ziliak, S. and McCloskey, D. (2008) *The Cult of Statistical Significance: How the Standard Error Costs Us Jobs, Justice, and Lives*. Ann Arbor, MI: University of Michigan Press.

译后记

　　信息技术的快速发展,使得大数据近年来成为了热门词汇。众多商业企业、政府组织和研究机构等,都希望运用大数据技术,为组织提供更明智更科学的决策依据。然而,我们需要明白的是,大数据价值链中最核心的阶段,就是数据的分析和处理。换句话说,大数据的价值不在于数据本身,而在于数据分析。只有通过数据分析,才能实现数据自身的价值,也才能提取数据中隐藏的数据,提供有意义的建议和辅助决策制定。

　　定量分析为大数据提供了更有利的研究手段。通过定量分析,我们可以量化过去那些只能进行定性分析的指标,将所要验证的变量扩展到行为、看法和感知反馈等主观性的数据,从而建立更加客观的数据模型,得出更加具有前瞻性和科学性的结论。

　　目前国内关于定量分析的书籍中,大多是对某一类或某几类分析方法的研究,鲜少有人能用通俗的语言,对绝大多数常用的定量数据分析方法进行全面、系统和深入的研究,而本书却做到了。它不仅帮助我们更好地认识定量分析,理解定量分析与研究设计、研究方法之间的本质关系,更是为我们提供了各类分析方法的适用范围、详细步骤和具体示例。作者带我们了解了定量数据分析的内涵和基本构成,又对定量数据分析的实施步骤进行了详细阐述,最后通过示例对各类分析方法进行逐步演绎,抽丝剥茧而又浅显易懂,是学生、研究者和从业者入门该学科的不二之选。

　　本书得以顺利出版,要感谢无锡太湖学院唐菊老师对本书翻译工作的参与和帮助,还要感谢格致出版社对我们的信任和支持,感谢程

170

倩、方程煜编辑的帮助,本次合作非常愉快,期待日后还有机会!

本书篇幅不长,但由于专业性较强,尽管译者对每一字每一句仔细推敲打磨,对每一个公式都进行代入演算,可难免还会有错漏和翻译不当之处,敬请同行专家批评指正。

译者

于无锡太湖学院

2019 年 2 月

图书在版编目(CIP)数据

定量数据分析/(美)查尔斯·A.谢尔巴姆,(美)
克丽丝滕·M.肖克利著;王筱,华莎译.—上海:格
致出版社:上海人民出版社,2019.4
(格致方法.商科研究方法译丛)
ISBN 978-7-5432-2989-1

Ⅰ.①定… Ⅱ.①查… ②克… ③王… ④华… Ⅲ.
①数据处理-定量分析-研究 Ⅳ.①TP274

中国版本图书馆 CIP 数据核字(2019)第 043292 号

责任编辑　方程煜
装帧设计　路　静

格致方法·商科研究方法译丛
定量数据分析
[美] 查尔斯·A.谢尔巴姆
　　 克丽丝滕·M.肖克利 著
王筱　华莎 译

出　　版　格致出版社
　　　　　上海 人 & 出 版 社
　　　　　(200001　上海福建中路 193 号)
发　　行　上海人民出版社发行中心
印　　刷　常熟市新骅印刷有限公司
开　　本　635×965　1/16
印　　张　11.25
插　　页　2
字　　数　158,000
版　　次　2019 年 4 月第 1 版
印　　次　2019 年 4 月第 1 次印刷
ISBN 978-7-5432-2989-1/C·214
定　　价　45.00 元